粤港澳美丽湾区生态人居建设路径与实践

杨丽艳　郑子琪　张修玉　杨　超　武建新◎著

中国纺织出版社有限公司

内 容 提 要

粤港澳大湾区生态人居建设取得显著成果，本书从理论与政策、建设指标体系、生态人居建设规划、指标体系和建设实践等方面对此进行总结。首先以生态文明理论为基础，构建我国生态文明建设指标体系，然后提出"生态人居"建设的总体目标、指标体系与建设路径。同时，客观评价城市宜居性建设水平，构建宜居社区建设指标体系和宜居指数综合评价指标体系，并通过对不同宜居社区建设案例与经验实践的总结凝练，以期为打造人与自然和谐共生的生态人居模式提供思路借鉴。

图书在版编目（CIP）数据

粤港澳美丽湾区生态人居建设路径与实践 / 杨丽艳等著 . -- 北京：中国纺织出版社有限公司 , 2024. 6.
ISBN 978-7-5229-1873-0

Ⅰ. X21

中国国家版本馆 CIP 数据核字第 20243RU779 号

YUEGANG'AO MEILI WANQU SHENGTAI RENJU JIANSHE LUJING YU SHIJIAN

责任编辑：向　隽　林双双　责任校对：高　涵
责任印制：储志伟

中国纺织出版社有限公司出版发行
地址：北京市朝阳区百子湾东里 A407 号楼　邮政编码：100124
销售电话：010—67004422　传真：010—87155801
http://www.c-textilep.com
中国纺织出版社天猫旗舰店
官方微博 http://weibo.com/2119887771
天津千鹤文化传播有限公司印刷　各地新华书店经销
2024 年 6 月第 1 版第 1 次印刷
开本：787×1092　1/16　印张：11.5
字数：120 千字　定价：98.00 元

参 著 人 员

杨丽艳　郑子琪　张修玉　杨　超　武建新

庄长伟　胡习邦　滕飞达　关晓彤　侯青青

曹　君　韩　瑜　马秀玲　谢紫霞　孔玲玲

代血娇　陈星宇　田岱雯　姚一博　颜得义

肖林芳　姜得胜　白嘉仪　邓　琛

序言
PREFACE

在全球化与区域一体化的浪潮中，粤港澳大湾区以其独特的地理位置、经济活力和文化底蕴，正崛起成为世界级的湾区经济体。然而，随着经济的高速增长，生态环境的保护与人居建设的和谐共生问题日益凸显。为此，探讨粤港澳美丽湾区生态人居建设的路径与实践，对于推动区域可持续发展、满足人民美好生活的向往具有重大的现实意义。

我在深圳居住多年，对粤港澳大湾区的发展始终保持着高度的关注和热情，特别是对生态人居建设的探索。经过多年的实践与研究，我深感人居环境的重要性，并为此于2016年创立了国房人居环境研究院。如今，我将自己的思考与见解集结成书，以期与广大读者共同分享对这片热土的热爱与期待。

生态人居建设，是指在满足人民居住需求的同时，注重生态环境的保护与修复，实现人与自然的和谐共生。在粤港澳大湾区，这一理念更是被赋予了新的内涵和期待，即通过构建生态、优美、舒适的生态生活体系，形成相互渗透、互为载体的有机共同体，打造自然环境优美、生活设施齐备、居住环境宜人的绿色生态和谐宜居区域。

作为我国经济较为活跃、开放程度较高的区域之一，粤港澳大湾区拥有得天独厚的自然条件和人文环境，但同时也面临着局部生态环境压力、经济发展不平衡、城乡空间结构不合理等问题。因此，如何在这一区域实现生态人居建设的目标，既是一个挑战，也是一个机遇。

在这本书中，我们将和大家一起携手踏上一场探索粤港澳大湾区生态人居建设之旅，通过深入挖掘这一区域的生态理论、政策引领、建设路径、指标体系以及具体实践等多个维度，全面揭示大湾区生态人居建设的现状、实践方法及成功经验。

我和我的团队通过广泛的调研和详尽的实地考察，积累了大量珍贵的第一手资料，力求以详实的数据和生动的案例，呈现大湾区生态人居建设的真实面貌和发展脉络。希望本书能够为生态城市建设和可持续发展领域的学者、政策制定者、实践者提供参考，同时也能够成为公众了解大湾区生态人居建设的一扇窗口。

本书在撰写过程中，既借鉴了国内外先进的生态人居建设经验，又结合了粤港澳大湾区的实际情况，力求做到既有深度又有广度。同时，我们也积极与相关部门、企业和专家进行沟通交流，力求使本书的内容更加贴近实际、更具操作性。

当然，生态人居建设是一个系统工程，需要以长远的眼光、科学的态度和务实的行动去推进，也需要政府、企业、社会组织、居民等各方共同参与和努力。因此，我在书中不仅提出了自己的见解和建议，更呼吁各方加强合作，形成合力，共同推动粤港澳大湾区生态人居建设的进程。

我要感谢所有给予我支持和帮助的人，感谢读者们的关注和阅读，希望本书能够帮助我们共同探索粤港澳美丽湾区生态人居建设之路。我期待与广大读者一起携手前行，在粤港澳大湾区的广阔天地中，共同绘就一幅生态宜居、美丽和谐的壮丽画卷。

目录
CONTENTS

第1章

生态文明理论与政策研究

1.1　生态文明理论研究

1.1.1　生态文明理念内涵

生态文明作为人类文明理念发展的新阶段，它不但要求我们统筹有关环境保护各方面的工作，还需要全面推进国土空间布局、国际合作、生产方式、生活方式与价值观念以及制度完善等方面的变革，进而持续促进社会形态、政治状况、精神面貌、财富结构等方面的重大进步。生态文明的建设将通过多种渠道对人类社会的生存和发展进行全面的引导和调整，从而不断充实与完善具有我国社会主义特色的科学发展道路，建设美丽中国。

1.1.2　人类文明发展历程

采猎文明以采摘狩猎为特征，以发明用火和金属工具为标志，是一种自生式的社会形态；农耕文明以种植养殖为特征，以发明灌溉和施肥育种为标志，是一种再生式的社会形态；工业文明以市场经济为特征，以大规模使用化石能源和机械化工产品为标志，是一种竞生式的社会形态。从采猎文明、农耕文明到工业文明，人类经历了畏惧自然、顺应自然到征服自然、驾驭自然的历史演变，"人定胜天"的思想占了主导地位。日益严峻的生态危机给人类敲响了警钟，生态文明则要把工业文明拉回到"天人合一"的生态命脉中来，充分发挥人的主观能动性，建立起人与自然、人与社会的良性运行和协调发展关系。生态文明以可持续发展为特征，以实现人与自然和谐共生为标志，是在前述几类文明基础上的集竞生、共生、再生、自生功能于一体的高级社会形态。

1.1.3　牢固树立社会主义生态文明观

习近平生态文明思想传承中华民族传统文化、顺应时代潮流和人民意愿，站在坚持和发展中国特色社会主义、实现中华民族伟大复兴中国梦的战略高度，深刻回答了为什么建设生态文明、建设什么样的生态文明、怎样建设生态文明等重大理论和实践问题。习近平生态文明思想是新时代"生态治国　文明理政"的科学指引，深刻领会习近平生态文明思想对牢固树立社会主义生态文明观具有重要的指导意义与现实意义。

2022 年，中共中央宣传部与生态环境部组织编写的《习近平生态文明思想学习纲要》（以下简称《纲要》）正式出版。《纲要》与时俱进，总体确立了"十个坚持"，包括坚持党对生态文明建设的全面领导（根本保证）、坚持生态兴则文明兴（历史依据）、坚持人与自然和谐共生（基本原则）、坚持"绿水青山就是金山银山"（核心理念）、坚持良好生态环境是最普惠的民生福祉（目的宗旨）、坚持绿色发展是发展观的深刻革命（实践路径）、坚持山水林田湖草沙系统治理（统筹观念）、坚持用最严格制度、最严密法治保护生态环境（制度保障）、坚持美丽中国建设的全民行动（群众基础）与坚持共谋全球生态文明建设之路（全球倡议）。

2023年7月17—18日全国生态环境保护大会全面总结了生态文明建设取得的举世瞩目的巨大成就，科学系统提出了当前生态文明建设的"4561"战略体系，即"四个重大转变、五个重大关系、六项重大任务与一个重大要求"。"四个重大转变"包括重点整治到系统治理的重大转变、被动应对到主动作为的重大转变、全球环境治理参与者到引领者的重大转变和实践探索到科学理论指导的重大转变。"五个重大关系"包括高质量发展和高水平保护的关系、重点攻坚和协同治理的关系、自然恢复和人工修复的关系、外部约束和内生动力的关系、"双碳"承诺和自主行动的关系。"六项重大任务"包括持续深入打好污染防治攻坚战、加快推动发展方式绿色低碳转型、着力提升生态系统多样性稳定性持续性、积极稳妥推进碳达峰碳中和、守牢美丽中国建设安全底线和健全美丽中国建设保障体系。"一个重大要求"是在建设美丽中国进程中必须坚持和加强党的全面领导。"4561"战略体系是对"十个坚持"的理论继承与实践发展，是习近平生态文明思想的内涵丰富与智慧创新，对马克思主义在生态文明建设与环境保护领域中国化的发展具有深远的历史意义。

1.1.3.1 牢固树立生态文明新领导观

"坚持党对生态文明建设的全面领导"是生态文明建设的根本保证。党的二十大报告中指出的"以中国式现代化全面推进中华民族伟大复兴"是中国共产党在新时代踏上新征程的使命，必须始终坚持中国共产党对生态文明建设的全面领导。党的十八大以来，我国对生态文明建设作出了一系列重大战略部署，明确"五位一体"总体布局，生态文明建设被放在突出地位，这既体现了党的百年奋斗历史经验，也是全面系统推进生态文明建设、实现美丽中国目标的必然要求。从党的十八大把生态文明建设纳入"五位一体"总体布局，到党的十九大明确坚持人与自然和谐共生是新时代坚持和发展中国特色社会主义基本方略之一，再到党的二十大强调促进人与自然和谐共生是中国式现代化的本质要求，生态文明在中国共产党治国理政实践中的地位越来越重。坚持党对生态文明建设的全面领导超越了西方环境理论中政府、企业、公民三个主体分离的体制机制，充分体现了中国的体制优势和制度优势，大大增强了生态文明建设的凝聚力。

建设美丽中国，其核心在于构建人与自然和谐共生的社会形态，由此满足人民日益增长的优美生态环境需求。这要求我们必须坚持和加强党对生态文明建设的全面领导，不断提高政治判断力、政治领悟力、政治执行力，心怀"国之大者"，把生态文明建设摆在全局工作的突出位置，确保党中央关于生态文明建设的各项决策部署落地见效。在社会主义现代化建设"五位一体"总体布局中，经济建设是基础，政治建设是保障，文化建设是载体，社会建设是条件，在党对生态文明建设的全面领导下，生态文明建设则贯穿并深深融入上述四个文明建设的全过程。

1.1.3.2 牢固树立生态文明新历史观

"坚持生态兴则文明兴"是生态文明建设的历史依据。一部人与自然关系的演变史，就是一部人类文明的兴衰史。迄今为止，人类文明发展经历了四个阶段：一是始于两百多万年前原始和谐的采猎文明，即文明1.0——蓝色文明；二是始于一万年前掠夺自然的农耕文明，即文明2.0——黄色文明；三是始于三百多年前征服自然的工业文明，即文明3.0——黑色文明；四是由中国提出、实践并引领的生态文明，即文明4.0——绿色文明。人类文明发展史表明，人类活动一旦超越了环境承载力，就会导致生态失衡。生态文明是在反思纠正工业文明所造成的人与自然关系极度恶化的基础上，充分发挥人的主观能动性，以可持续发展为特征建立起人与自然、人与社会良性运行和协调发展的关系。

建设生态文明是关系中华民族永续发展的根本大计，功在当代、利在千秋。生态文明建设关系人民福祉，关乎民族未来，事关"两个一百年"奋斗目标和中华民族伟大复兴中国梦的实现。"生态治国，文明理政"已成为当今中国特色社会主义伟大事业的主旋律。新时代背景下，习近平生态文明思想是美丽中国永续发展的必然选择，也是实现伟大中国梦的必由之路，必须尽快推动形成"生态兴文明兴"的人与自然和谐共生新格局。

1.1.3.3　牢固树立生态文明新生态观

"坚持人与自然和谐共生"是生态文明建设的基本原则。党的二十大报告指出："尊重自然、顺应自然、保护自然，是全面建设社会主义现代化国家的内在要求。必须牢固树立和践行'绿水青山就是金山银山'的理念，站在人与自然和谐共生的高度谋划发展。"生态文明建设的核心问题就是要协调处理好人与自然的关系。习近平生态文明思想的提出，是中国共产党人以生态马克思主义为指导，以历史唯物论全面深入剖析人类发展史的基本规律，以唯物辩证法剖析人类发展新阶段的特征，坚持实事求是，坚持与时俱进，以理论创新解决发展中的环境短板、突出难题的重大生态决策。习近平生态文明思想作为人类文明理念发展的新阶段，需要将生态理念全面融入国土空间布局、产业发展、生活方式、价值观念以及制度完善等方面的变革。

习近平生态文明思想通过多种渠道对人类社会的生存和发展进行全面的引导和调整，从而不断充实与完善我国社会主义特色的科学发展道路。保护自然就是保护人类，建设生态文明就是造福人类。必须尊重自然、顺应自然、保护自然，像保护眼睛一样保护生态环境，像对待生命一样对待生态环境，退耕还林、防治荒漠、保护湿地、拯救物种、应对气候变化，还自然以宁静、和谐、美丽。

1.1.3.4　牢固树立生态文明新辩证观

"坚持绿水青山就是金山银山"是生态文明建设的核心理念。"绿水青山就是金山银山"理念是习近平生态文明思想的核心理论基石，阐释了社会经济发展和生态环境保护之间的辩证关系，揭示了保护生态环境就是保护生产力、改善生态环境就是发展生产力的道理。"绿水青山"指的是良好的生态环境与自然资源资产，"金山银山"指的是经济发展与物质财富，两者决不是对立矛盾的，而是辩证统一的。"绿水青山就是金山银山"理论的本质就是指环境与经济的协调发展。"绿水青山就是金山银山"理论的科学论断，为绿色发展提出了方针原则，做出了战略决策，明确了顶层设计，厘清了发展思路，指明了前进方向，体现了党对人类发展意义的深刻思考，彰显了当代中国共产党人高度的文明自觉和生态自觉。

正确处理好生态环境保护和发展的关系，是实现可持续发展的内在要求，也是推进中国式现代化建设的重大原则。如何让"绿水青山"

带来"金山银山"？基本思路就是实现循环经济与生态经济的统一协调发展，一是在粗放式工业化走在前面的发达地区大力发展"减量化、再利用、资源化"的循环经济，有效减少消耗、降低污染、治理环境，努力建设资源节约型和环境友好型社会，恢复"绿水青山"，又不失"金山银山"；二是在具有绿水青山的欠发达地区，大力发展主要由生态农业、生态工业和生态旅游业构成的生态经济体系，把这些生态环境优势转化为经济优势，那么"绿水青山"也就变成了"金山银山"。

1.1.3.5　牢固树立生态文明新福祉观

"坚持良好生态环境是最普惠的民生福祉"是生态文明建设的目的宗旨要求。中国自古以来就重视人类社会福祉的创造，《韩诗外传》记载"是以德泽洋乎海内，福祉归乎王公"；唐朝李翱《祭独孤中丞文》也说"丰盈角犀，气茂神全，当臻上寿，福祉昌延"；孙中山在《同盟会宣言》发出号召"复四千年之祖国，谋四万万人之福祉"。近年来，世界经济在为发达国家营造全球市场，转移低端制造业的过程中，也使人类对自然资源的利用以及对生态环境的污染与破坏进入了全球性阶段。

党的二十大报告中多次强调坚持"人民至上""坚持以人民为中心"的发展思想，再次强调了"人民日益增长的美好生活需要"，全面涵盖了人民对经济、政治、文化、社会、生态文明发展的期望。习近平生态文明思想力求创造"绿色低碳的生活环境、健康祥和的社会环境、自由持续的发展环境"，环境就是民生，青山就是美丽，蓝天也是幸福。必须坚持以人民为中心，重点解决损害群众健康的突出环境问题，提供更多优质生态产品，才能满足人民日益增长的美好生活需要。良好的生态环境是最公平的公共产品，也是最普惠的民生福祉。要提供良好的生态产品，必须做好如下重点工作：一是提升生态功能，加强生态保护与修复；二是强化污染防治，持续改善环境质量；三是综合整治农村，全面建设美丽乡村。

1.1.3.6　牢固树立生态文明新发展观

"坚持绿色发展是发展观的一场深刻革命"是生态文明建设的实践路径。党的二十大报告对"推动绿色发展、促进人与自然和谐共生"作出重大安排部署，报告明确了新时代必须完整、准确、全面贯彻新发展理念，通过建设现代化产业体系推动产业结构的调整优化，构建一批包括生物技术、新能源、新材料、绿色环保等在内的新增长引擎，发展战略性新兴产业集群，从而加快发展方式的绿色转型。推动经济社会绿色发展是实现高质量发展的关键环节。绿色高质量发展与科学发展观是一脉相承的理论体系，是贯彻新发展理念的重要组成部分，是促进经济社会全面绿色转型的必由之路。坚持绿色发展是发展观的一场深刻革命，要从转变经济发展方式、环境污染综合治理、自然生态保护修复、资源节约集约利用、完善生态文明制度体系等方面采取超常举措，全方位、全地域、全过程开展生态环境保护。

要坚持"绿水青山就是金山银山"的理念，把经济活动和人类行为限制在自然资源和生态环境阈值之内，将绿色发展内化于社会主义现代化远景目标之中。一是推进产业升级，实现发展转型，创新经济的发展模式，着力构建以资源节约型和环境友好型产业为主的现代产业发展体系，实现经济绿色转型；二是规范产业园区管理，以双碳工作为抓手实现节能减排，走科技含量高、经济效益好、资源消耗低、环境污染少、人力资源优势得到充分发挥的新型工业化道路；三是注重科技创新，发展特色产业，支持绿色物流业、绿色生活服务业以及新兴绿色服务业的发展，为产业发展增添活力和创新力。

1.1.3.7 牢固树立生态文明新系统观

"坚持山水林田湖草沙系统治理"是生态文明建设的统筹观念。从党的十九大"统筹山水林田湖草系统治理"再到党的二十大"坚持山水林田湖草沙一体化保护和系统治理"，五年的发展实践又一次深化了习近平生态文明思想对生命共同体的思想认识。"命脉"把人与山水林田湖连在一起，生动形象地阐述了人与自然之间唇齿相依的一体性关系，揭示了山水林田湖草之间的合理配置和统筹优化对人类健康生存与永续发展的意义。我国就开展山水林田湖草沙生态保护修复多次作出明确部署，要求加快山水林田湖草生态保护修复，实现格局优化、系统稳定、功能提升。开展山水林田湖草沙整体生态保护修复作为生态文明建设的系统抓手，关系生态文明建设和美丽中国建设的进程，关系国家生态安全和中华民族永续发展。开展山水林田湖草沙冰生态保护修复是贯彻绿色发展理念的有力举措，是破解生态环境难题的必然要求。

一是全面摸清生态环境突出问题，从"山水林田湖草沙冰生命共同体"的理念着手，真正摸清生态系统状况与变化趋势，为生态保护修复和管理提供可靠的支撑。二是划定生态保护与修复部署片区，依据区域突出生态环境问题与主要生态功能定位，确定生态保护与修复工程部署区域。三是制定生态保护与修复工程，统筹山水林田湖草沙冰各种生态要素，对工程全面部署。四是从组织领导、干部绩效考核、资金筹措与投入等方面建立健全工程实施保障制度措施。

1.1.3.8　牢固树立生态文明新法治观

"坚持用最严格制度最严密法治保护生态环境"是生态文明建设的制度保障。习近平法治思想是全面依法治国的科学遵循，习近平生态文明思想是建设美丽中国的指导方针，两者相辅相成，互成体系。保护生态环境需要完善生态文明制度体系，健全生态制度是生态文明治理体系的系统保障，我们要深化生态文明体制改革，需要尽快把生态文明的"四梁八柱"建立起来，把生态文明建设纳入制度化、法治化轨道。包括自然资源资产产权制度、国土开发保护制度、空间规划体系、资源总量管理和节约制度、资源有偿使用和补偿制度、生态环境治理制度、环境治理与生态保护市场体系、生态文明绩效考核和责任追究的制度体系。

同时，新时代必须持续纵深推进新《中华人民共和国环境保护法》（以下简称《环境保护法》）。《环境保护法》明确提出和规定了环境保护的基本制度，遵循的基本原则，规定了地方政府、企业事业单位、公民保护环境的权利、责任与义务。《环境保护法》在环境保护的法律法规体系中处于基础地位，相当于环境领域的"母法"，即上位法，其他环境保护的单项法律在修订和执行中都应遵循并服从于《环境保护法》。因此《环境保护法》是环境法律体系的龙头和"纲"，必须"纲举目张"。《环境保护法》是生态文明建设的基石，也是生态环境保护的法制保障。

1.1.3.9　牢固树立生态文明新实践观

"坚持美丽中国建设的全民行动"是生态文明建设的群众基础。美丽中国是人民群众共同参与共同建设共同享有的事业，一是深化生态创建，夯实生态文明基础。按照生态文明建设阶段目标要求，深入开展国家生态文明建设示范区与"绿水青山就是金山银山"实践创新基地等系列创建活动和绿色细胞工程建设，不断巩固和深化建设成果，为生态文明建设的阶段目标打下坚实的基础；二是加强宣传教育，营造全民参与氛围。通过构建多层次、全范围的生态文明宣教体系，深入开展生态文明建设宣传教育活动，不断提升生态文明理念的认知水平，营造全民参与生态文明建设的良好氛围。

美丽中国还要更好地发挥群众和社会组织的作用，充分体现政府、公民、企业和其他社会组织共同参与生态文明建设的过程。要大力宣传生态文明理念和环境保护知识，提高全民的环境意识。强化环境信息公开，保障公众环境知情权、参与权和监督权。加强环境标志认证，倡导绿色消费。畅通环保信访、环保热线、各级环保政府网络邮箱等信访投诉渠道，实行有奖举报，鼓励环境公益诉讼。建立政府相关部门协作机制，完善政府、企业和社团组织的生态文明参与互动机制。

1.1.3.10 牢固树立生态文明新世界观

"坚持共谋全球生态文明建设之路"是生态文明建设的全球倡议。党的二十大指出，中国尊重世界文明多样性，文明发展应兼容并蓄、海纳百川，以文明交流超越文明隔阂、文明互鉴超越文明冲突、文明共存超越文明优越。中国人民不仅希望自己过得好，也希望各国人民过得好。当前，战乱和贫困依然困扰着很多国家和地区，疾病和灾害也时时侵袭着众多百姓。国际社会携起手来，秉持人类命运共同体的理念，把我们这个星球建设得更加和平、更加繁荣。让和平的薪火代代相传，让发展的动力源源不断，让文明的光芒熠熠生辉，是各国人民的期待，也是我们这一代应有的担当。中国方案是构建人类命运共同体，建设美丽清洁的星球。

生态文明作为人类文明发展的一个新阶段，是现代工业文明之后的后现代文明形态，它是人类遵循人、自然、社会和谐发展这一客观规律而取得的物质与精神成果的总和，是以人与自然、人与人、人与社会和谐共生、良性循环、全面发展、持续繁荣为基本宗旨的人类社会与自然环境集成的伦理形态。"建设生态文明"是中国共产党领导的中国人民向全人类所做出的郑重承诺，中华民族将努力探索一条实现物质丰富、社会稳定、政治平等、文化繁荣、生态文明的全球共赢之路。

1.2　生态人居建设历程

1.2.1　生态城市与生态人居内涵

近年来，随着我国现代城市化发展加快，生态城市的建设逐渐得到各方关注。生态人居建设是生态城市建设的基础，是有效提升城市可持续发展能力的关键环节，越来越多的学者开始对生态人居建设展开了实践和研究。王如松认为生态城市是人们对按生态学规律所形成的一种可持续发展的市级行政单元的简称，包括经济发达高效的生态产业，健康、景观适宜的生态环境，体制合理和谐的生态文化，以及人与自然和谐共生的生态社区等。

李晓璠、杨颜萌认为狭义的人居环境是指居住社区的综合环境，而广义的人居环境则包括社会环境、经济环境和物理环境三个部分。陈圣浩、武星宽把生态人居环境定义为以生态系统的良性循环为基本原则，在自然资源与文化资源和谐统一的基础上，根据当地环境和资源状况，优化组合住区的功能结构，形成高效、和谐、自养、自净的理想居住模式和生态平衡的建筑环境。查晓鸣指出人居生态环境是自然—人—建筑—环境—社会间的一种可持续、和谐统一的复合生态系统，并从自然生态系统、社会生态系统、经济生态系统与人居生态系统四个层次建立了生态人居环境体系的基本框架。

1.2.2 国外生态人居建设综述

1.2.2.1 国外宜居城市发展历程

国外宜居城市发展大致分为三个阶段，第一阶段可以追溯到20世纪初，"田园城市"思想的提出为宜居思想奠定了基础，越来越多的学者开始探讨人与环境相适应的问题；第二阶段是第二次世界大战结束之后新城市运动的兴起，人本思想逐渐深入人心；第三阶段是可持续发展理念的提出，一直到现在，宜居的思想内涵更加多元化，宜居城市的发展逐渐走入成熟。

随着城市化进程的急剧扩张，城市的发展滋生出许多弊端，明显的矛盾是环境承载力和人口激增之间的空间竞争性矛盾。《马丘比丘宪章》提出要从经济和社会的角度辩证地去看待居住问题，这也促进了早期"宜居城市"思想的萌芽。

20世纪80年代中期，美国众多建筑规划师开始遵循新城市主义，提倡"美国小镇"风格的小街坊、尺度宜人的街道、便捷的交通站点和临近社区的服务设施等，强调以提高居民生活品质为目标，改善城市和社区环境。David L. Smith编写的《宜人与城市规划》，在19世纪中后期的城市发展基础上，提出宜人应该作为未来明确城市规划的重要因素。1996年，第二届联合国人类住区会议（人居二）正式提出了把宜居城市作为新城市发展的方向，并尖锐地提出城市化进程中存在的问题，提倡打造可持续发展的居住区，进一步丰富宜居城市的内涵。D. Hahlweg（1997）认为宜居城市是互联互通、全民共享的，居民出行方式是多样化的。P.Evans（2002）补充城市的宜居性除了可持续发展外，还应该包括收入水平、办公可达性和环境。Ruth M. Franklin提出宜居社区首先要考虑社会经济和环境的相互作用，规划要兼顾历史传承和未来发展。其次考虑基础设施对宜居建设的重要性，适应人口增长带来的压力。Robert W.Marans基于可持续发展的理念，进一步研究了随着人口增长，城市生活质量和环境之间可持续性的度量关系，运用度量概念模型丰富了城市繁荣指数的发展。Mohamad Kashef认为城市宜居性包含生活水平、服务水平和影响力水平。Vukan Vuchic提出城市宜居性过于强调保护自然生态，可能会忽略公民意识至关重要的城市文化特征，还强调城市给人们带来的就业机会、良好的教育和服务。Maria通过使用结构方程（SEM）对79个欧洲城市和城市二次污染相关的市民数据进行测试，探讨了城市可持续发展的三大支柱（经济、环境和社会）与城市污染之间的相互关系对城市宜居性的影响。得出城市可持续性和宜居性呈正相关，而城市污染和城市宜居性呈负相关，使人们对城市宜居发展有了更客观的了解。

1.2.2.2　国外城市宜居社区建设典型案例

新加坡连续10次当选亚洲最适宜居住城市，离不开城市环境建设与环境保护所取得的成效。主要总结出以下4点经验：

第一，注重绿化和环境保护。新加坡一直把绿化当成一张名片、一种战略，确立了"花园城市"的理念，并上升为国家战略。对于城市的道路、建筑物、广告牌、园林绿化、各类设施等方方面面、各个环节，新加坡政府都作了全面、具体、翔实的硬性规定，而且自由裁量权很小。

第二，以规划完善社区配套。新加坡对整个住宅区的设计规划极为重视，在社区配套方面，以前瞻性的理念对社区的所有硬件进行科学的配套，满足居民多样化的需求，如建立社区商业模式配套，事先对服务范围、服务设施、服务对象进行测算，把与居民日常生活所需要的商业、生活服务设施集中起来。同时，要求发展商开发的所有项目，必须留不少于40%的土地用于花园、风景区和娱乐设施。

第三，不断完善社区管理机制。政府主导的人民协会作为社区建设的中间组织，国家福利会领导社区发展，促进社工的技能和专业水平提高，社区发展理事会作为行政管理机构开展社区援助服务。同时，以民间志愿团体为补充，发展社区公益事业。

第四，借助邻里中心完善社区服务。在3 000～6 000户居民中设立一个比较齐全的商务、服务、娱乐中心，通过政府与民众结合的管理模式，妥善解决城市居民的生活质量和城市环境中若干实际问题。邻里中心模式既满足了人们多层次需要，又保证了周边环境不受影响。

新加坡以前瞻性的理念对社区的所有硬件进行科学的配套，满足居民多样化的需求。同时，加强对现有社区的重建，以节约基础设施和公共服务成本。

加拿大在社区服务体系建设和社区组织建设方面起步较早，经过一百多年的发展，积累了一定的经验：一是政府购买公共服务。加拿大在社区管理模式上，政府与志愿部门是合作伙伴关系，为此，加拿大政府专门制定相关法律加以界定。志愿部门由社区组织、社会企业、非营利组织、慈善组织、合作和信用联盟、民间组织等组成，为生活在社区中的个人和家庭提供服务。二是各个社区围绕社区突出的问题确定服务主题。除了政府服务、图书馆服务、公园和娱乐、警察、火警及紧急事务服务、残疾人照顾、个人和家庭照顾、少儿健康成长、老年人照顾等社区服务之外，各个社区还根据自己的特点和突出的问题设立社区服务主题。

1.2.3　国内生态人居建设综述

1.2.3.1　国内宜居城市发展历程

随着人们对社区生活环境、生活质量要求的不断提高，人们对社区的需求也变得更加多元化。为解决城市社区现状和居民需求之间的矛盾，越来越多的国内学者开展了社区宜居性建设和评价相关方面的研究，从社区功能、交通便利、健康生态等不同维度进行探讨。

1976年，第一届联合国人类住区会议（人居一）上正式提出"宜居城市"的概念。2005年，中国城市科学研究会首次对"宜居城市"

的概念作出了较全面的诠释，即指居住和空间环境良好，人文社会环境和谐，生态自然宜人，生产环境稳定的居住地。李丽萍将宜居城市定义为经济、社会、文化、环境协调发展，能满足居民对物质和精神文化需求，适宜居住、生活和办公的城市。2007年，《宜居城市科学评价标准》从社会文明度、经济富裕度、环境优美度、资源承载度、生活便宜度、公共安全度六个方面对宜居城市进行了评分，根据不同得分将城市分为宜居城市、较宜居城市和宜居预警城市。顾文选在以人为本，科学发展的基础上，提出宜居城市是具有良好居住环境、生态环境、生产环境的居住地。2015年，中央城市工作会议提出把"建设和谐宜居城市"作为城市发展的主要目标，努力把城市建设成为人与人、人与自然和谐共处的美丽家园。2016年中国科学研究院宜居城市研究团队发布了《中国宜居城市研究报告》，指出当前我国城市宜居指数整体不高，宜居指数平均值仅为59.92分，三短板分别为城市安全性、环境健康性与交通便捷性。2022年10月，《关于开展完整社区建设试点工作的通知》要求以社区居民委员会辖区为基本单元，聚焦群众关切的"一老一幼"设施建设，聚焦为民、便民、安民服务。从完善社区服务设施、打造宜居生活环境、健全社区治理机制、推进智能化服务4个方面，打造一批安全健康、设施完善、管理有序的完整社区样板。

此外，我国学者对宜居城市评价指标体系也开展了研究。张文忠将"宜居城市"评价指标划分成三个层次，第一层次是从特定的空间范围考虑，第二层次是从城市内部空间考虑，第三层次是从建筑设计专业性的角度考虑。李虹颖构建了包括城市发展水平、城市环境治理、城市居住状况、城市社会保障、生活出行便捷的5个一级指标和27个二级指标的评价体系。张月蕾从城市经济发展水平、城市基础设施和城市资源三个方面进行细化，细分成5个二级指标和13个三级指标。2016年，住房城乡建设部更新了《中国人居环境奖评价指标体系》，基本指标体系由居住环境、生态环境、社会和谐、公共安全、经济发展和资源节约六大类65项指标及1项综合否定项组成。

1.2.3.2　国内部分城市宜居社区建设体系

（1）《重庆市宜居社区建设导则》

《重庆市宜居社区建设导则》遵循适用性、地域性和经济性原则，主要围绕物质条件、文化条件、管理和服务水平三个方面来进行。《重庆市宜居社区建设导则》包含居住空间、社区空间、社区安全、社区交通、社区配套设施、社区环境、社区归属感、社区管理8个一级要素，重点从居住空间、公共空间、服务设施等方面最大化地满足居民需求，对居住社区的商业、文化、教育、体育、交通等生活设施配置有更多的要求。

（2）《河北省智慧社区评价指南》

《河北省智慧社区评价指南》（DB 13/T 5196—2020）作为河北省智慧城市建设领域首个省级地方标准，于2018年5月由河北省发展和改革委员会提出，2020年6月经河北省市场监督管理局批准发布。《河北省智慧社区评价指南》给出了智慧社区建设的评价方法，建立了智慧社区评价指标体系，包括基础项、评分项和加分项三种类型，并对指标、分值、等级划分等内容进行了规定。评价指标体系共包含5项一级指标和48项二级指标，其中，一级指标分别为通信基础设施、公共应用、智慧家庭应用、智能环保和党建与政务服务。

（3）《广东省绿色住区评价标准》

《广东省绿色住区评价标准》（DBJ/T 15-105-2015）是我国首部绿色住区地方标准，在《广东省绿色住区标准》（2009年版）的基础上进行修订，自2015年9月1日起实施。《广东省绿色住区评价标准》以安全、卫生、环保为前提，适用、舒适、美观为基本原则，涵盖绿色建筑、绿色环境、绿色管理和绿色消费四大方面，将规划设计、建筑工程、住宅功能、环境建设、生活能源、物资消耗、住宅产业化、物业管理、文化艺术等作为绿色住区可持续发展的内容，旨在为居民提供健康、舒适、低耗、安全的生活空间。

（4）《深圳市绿色社区考核标准》

深圳市绿色社区创建指标有7个考核项目23条具体要求。考核项目包括健全的环境管理和监督机制、各种污染源全部实现达标排放、社区环境整洁优美、积极开展环境宣教、居民环境意识高、配套管理完善和特色分明，其中，健全的环境管理和监督机制、各种污染源全部实现达标排放是重点。

（5）《浙江省养老宜居社区建设指南》

"老年宜居社区"建设是以社区为基础，认真落实各项老龄法规政策，重点建设环境优美、无障碍、公共设施齐全、养老服务功能完善、文明和谐的社区。社区环境、养老设施和服务站点等硬件建设持续改善，社区管理和服务水平有效提高，尊老、敬老、助老的社会氛围日益浓厚，老年人普遍具有较强的社区认同感、归属感、自豪感。

1.2.3.3 国内城市宜居社区建设典型案例

社区建设上，杭州主要以背街小巷改善、庭院改善、危旧房改善、物业管理改善为四大工程载体，提升居民生活品质。杭州市实施以路平、灯明、水畅为主要内容的背街小巷改善工程。从2008年开始，杭州市投入18.5亿元资金，用3年时间，对全市745个庭院进行环境改善，主要内容为对老（旧）小区的道路平整治理、截污纳管、立面屋面整治、缆线序化、楼道洁化、车棚改造、水电燃气一户一表配套、部分房屋的拼阳接卫以及危房维修加固等。同时，以点带面，全面铺开，加强老城区的物业管理建设。

青岛以"建设宜居青岛，打造幸福城市"为发展目标，注重城市规划建设管理，着力推进社区基础设施、居民住房和生态环境三大方面的建设。一是积极开展旧小区综合整治。通过完善水、气、热、电、绿化等配套服务设施，大力提升老城区存量住房的功能环境；二是大力开展环境整治。改善人居环境，对视觉污染、环境卫生、铁路沿线、园林绿化、市政道路、停车秩序、建筑立面、机动车排气、居民楼院、建筑工地十大领域影响人居环境的问题进行集中整治，城市面貌有效改善；三是加强绿化建设。积极开展城市绿化和生态修复，大力实施城市"绿肺""绿肾""绿廊""绿景""绿环"工程，构建"山、林、河、路、院"全方位的城市绿化体系。

第2章

生态文明建设指标体系研究

2.1　生态文明建设驱动与模式研究

2.1.1　生态文明建设驱动力分析

生态文明建设的驱动力是指影响生态文明建设水平的各种因素。通过分析各种动力间的相互作用、相互制约关系，明确推动生态文明建设的关键路径，为构建生态文明建设模式奠定基础。

2.1.1.1　自上而下的引力和自下而上的推力

（1）划分依据

根据力的方向划分，将生态文明建设的动力分为自上而下的引力和自下而上的推力。自上而下的力指的是政府主导的作用力，通过自上而下的扩散机制实现动力的传递。自下而上的力是市场主导的作用力，是无数微观个体根据自身经济利益进行行为决策后的体现（表2-1）。

表2-1　自上而下的引力和自下而上的推力的比较

内容	类型	
	自上而下的引力	自下而上的推力
主体	政府	企业、公众
价值取向	单一	多元
优点	统筹性、系统性，从全局的角度对生态文明建设进行统筹规划	显示区域的差异性，分区进行，更有针对性；融合基层的价值取向，充分调动基层的积极性

（2）驱动力产生机理分析

自上而下的力往往是政府通过制定强制性法律或规章制度而产生的；自下而上的力则往往是自发产生的。前者的产生和作用力大小取决于统治者的偏好和集团利益冲突等因素，后者的产生和作用大小取决于个体对获利机会的认知、有限的理性以及诉求的传达机制。

（3）生态文明建设动力对比分析

生态文明建设是一项复杂的系统工程，囊括了经济社会和人类发展的各个方面，因而很难从单一视角开展，需要开展生态文明建设自上而下的顶层设计，加强自上而下的引力。同时，还应重视基层参与，形成生态文明建设自下而上的推动力。我国地域广阔，各地自然资源禀赋和环境、社会、经济发展状况差异巨大，采取"一刀切"会大大降低生态文明建设的有效性。

2.1.1.2 生态支撑力、经济活力和文化协调力

（1）划分依据

根据力的作用点划分，生态文明建设动力体系是由三维元素构成的空间体系，包括经济发展的物质要素、自然环境的区位要素，以及文化制度的人文和组织要素（图2-1）。

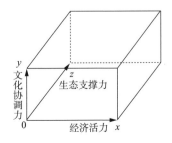

图2-1 生态文明建设动力体系的三维空间结构

（2）驱动力产生机理分析

生态支撑力：自然生态系统是人类社会存在的基础，主要为人类生产、生活提供能源、资源和空间场所。不同的自然生态系统为人类生产和生活所提供的资源、能源和空间场所在质和量两个方面都是不同的，这种差异在人类社会的早期影响和决定了人类认识自然的文化活动和利用自然的经济活动，并通过文化的传统和经济发展的历史对现代经济和社会文化子系统施加影响，从而在不同的地理环境内形成各具特色的复合生态系统。

经济活力：经济活力是目前影响生态文明建设的主导因素之一。首先，经济发展的程度会影响人类生态系统的规模和结构。经济发达的区域人类社会从自然摄取的物质能量以及对区域资源、能源的利用效率要远高于经济落后的区域。因此，在环境承载力相似的情况下，经济发达的区域能够供养的人口要多于经济落后的区域。其次，经济结构也影响着生态文明建设。以农业为主的社会，经济活动必须较多地遵循自然规律；以工业为主的社会，主要依靠大规模地从自然界获取资源来维持。以第三产业为主的社会，对不可再生资源的依赖程度相对较小，社会经济发展对自然系统的影响强度也会相应减弱。

文化协调力：社会文化对自然和经济系统具有很大的影响潜力。首先，人地关系的理念决定了人类对自然的态度。古代西方主流哲学大多将自然异化为人类社会的对立面，利用自然、改造自然、征服自然成了人类社会发展的主要方向。在这种人地关系理念的支配下，西方经济社会得到了空前的发展，与此同时，人与环境资源之间的矛盾最先激化。东方传统哲学大多主张人与自然协调和统一。在这种人地关系理念的影响下，东方经济社会的发展在一定的历史时期会落后于西方，但人类社会与自然环境之间的冲突和矛盾却比西方社会缓和。其次，科学技术水平和发展方向决定了人类协调人地关系的能力。科学技术的发展极大地扩展了人类从自然界获取资源的能力，改善和提高了人们的生活水平。同时，人类社会众多的环境和资源问题在很大程度上也是科学技术盲目发展的结果。最后，法律制度强制规范着人类的行为和影响。相关的资源环境法律法规是否健全直接影响着人们对环境的观念；资源、环境合理的价格体系是否形成，更是从经济成本上制约着人们对资源、环境的态度。

2.1.1.3　生态文明建设驱动力对比分析

生态文明建设的持续推进，首先必须正确认识生态文明建设的动力，也就是经济活力、生态支持力和文化协调力之间的相互作用，分析它们之间的内在联系。生态文明建设动力的分析主要从协同和竞争关系两方面展开。

（1）经济活力与生态支持力相互作用分析

协同作用体现在：一方面，资源供应为经济发展提供基础，环境的不断改善促进资源再生，为经济发展提供有利条件；另一方面，经济发展为资源开发提供条件，技术进步和外界投资可提高资源利用率。

竞争作用体现在：一方面，经济的发展增加了资源的开采和使用，长期下来可能造成资源匮乏，甚至破坏资源系统的再生能力；另一方面，为了防治和治理污染，必须要花费一定的资金，对经济发展有一定的负面影响。

（2）经济活力与文化协调力相互作用分析

协同作用体现在：一方面，人口体系为经济发展提供劳动力资源，先进的科学教育水平和完善的制度体系有利于促进经济发展；另一方面，经济发展有利于人口素质的提高。

竞争作用体现在：一方面，文化发展需求过高，会占用大量的资金，给经济系统带来一定的压力，落后的科教水平会制约经济发展；另一方面，经济水平高的地区，对人口吸引力大，影响地区的人口素质，增大竞争力。

（3）生态支持力与文化协调力相互作用分析

协同作用体现在：一方面，人口素质的提高和先进科学技术有利于提高资源利用率，完善的制度建设有利于环境保护；另一方面，生态环境的改善可以促进人的全面发展。

竞争作用体现在：资源短缺和劣质资源以及环境恶化会影响人的生活质量，不利于促进人的发展。

2.1.2　生态文明建设模式识别

根据经济活力、生态支撑力和文化协调力这3种主要的生态文明建设动力的差异，生态文明建设模式可以划分为单因子驱动型、双因子驱动型、均衡驱动型。将3种驱动力自由组合，理论上存在8种生态文明建设模式，分别为低度均衡型、经济驱动型、生态驱动型、文化驱动型、经济—生态驱动型、经济—文化驱动型、生态—文化驱动型和经济—生态—文化驱动型。

2.1.2.1　生态文明建设模式研究方法

DPSIR模型是一种在环境系统中广泛使用的评价指标体系概念模

型，它从系统分析的角度看待人和环境系统的相互作用。它将表征一个自然系统的评价指标分成驱动力（driving forces）、压力（pressure）、状态（state）、影响（impact）和响应（responses）5种类型，每种类型又分成若干种指标。

采用DPSIR概念模型的分析方法，首先确立在生态文明建设目标和要求下，然后基于不同区域在自然条件、经济社会发展水平、文化制度等方面存在的差异，识别出各类区域建设生态文明的关键性问题和压力，针对不同类型的压力情景提出对应的生态文明建设模式，包括建设目标、建设任务和建设路径等，如图2-2所示。

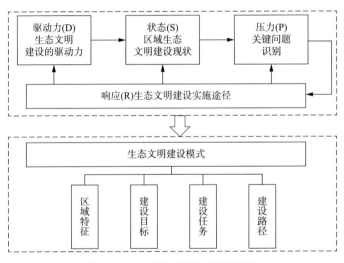

图2-2 生态文明建设模式构建思路

2.1.2.2 生态文明建设模式构建

生态文明建设模式构建原则需满足以下3点：

生态文明建设模式的代表性：生态文明建设模式在本质上不能相同或相似的，而应该在本质上有所不同甚至是相对的。

资源环境可持续是生态文明建设的基础：生态文明要求把人的一切活动内化于生态系统之中，使文明的进步不以牺牲生态为代价，即使在社会经济发展程度较差的地区，也要在不降低环境质量的前提下发展，绝不能单纯地发展社会经济，而以环境为代价。

生态文明建设动力之间的内在关联性：①生态文明的发展以社会、经济的发展为前提，不存在社会、经济发展水平低，而生态文明发展水平高的情况。②在全国范围内社会、经济发展和资源环境还没有普遍达到和谐共存的关系。

根据以上原则，本书认为当前生态文明建设存在3种典型的生态文明建设模式，即经济优势型、生态优势型和综合发展型（表2-2）。

表2-2　生态文明建设模式对应的驱动力分析

生态文明建设模式	经济活力	生态支持力	文化制度支撑力
经济优势型	√	×	×
生态优势型	×	√	×
综合发展型	×	×	×

注　√表示存在，× 表示不存在。

不同生态文明建设模式的特征见表2-3。

表2-3　不同生态文明建设模式的特征

生态文明建设模式	动力分析	区域现状
经济优势型	经济发展是生态文明建设的核心驱动力，经济发展为资源开发提供条件，技术进步和外界投资可提高资源利用率	①GDP总量以及人均GDP等指标在全国位于前列，但产业结构低，经济增长主要依赖工业支撑，尤其是资源密集型产业、农业规模化和产业化水平低；②教育水平、福利改善等社会事业发展有待持续提高；③林业资源、水资源、矿产资源等自然资源贫乏；由于无序地发展，水污染、土壤破坏等环境问题突出；④由于生活水平较低，居民还停留在以追求经济增长为主阶段，对于环境保护的关注比较少；制度建设落后，地方环境标准的环境保护规划不完备

续表

生态文明 建设模式	动力分析	区域现状
生态 优势型	丰富的自然资源和优良的环境质量是推进生态文明建设的重要保障。资源供应为经济发展提供基础；环境的不断改善促进资源再生，为经济发展提供有利条件	①林业、水资源、矿产资源等自然资源丰富，由于经济发展落后，SO_2、固体废弃物、富营养化等污染物产生量少，环境质量在全国位于前列； ②没有形成主导产业，或者以第一产业为主，但农业规模化和产业化水平低，经济发展水平落后； ③教育水平、福利改善等社会事业发展落后； ④居民的生态环保意识较差，仍以追求高GDP为目标，浪费式消费比较普遍；政府对生态环境保护重视程度低，以提高GDP为工作核心，生态环境保护方面的制度建设落后
综合 发展型	生态文明建设没有明显的驱动力，经济活力、生态支撑力和文化协调力处于低度均衡的水平	①没有形成主导产业，或者以第一产业为主，但农业规模化和产业化水平低，经济发展水平落后； ②林业资源、水资源、矿产资源等自然资源贫乏；由于无序地发展，水污染、土壤破坏等环境问题突出； ③教育水平、福利改善等社会事业发展落后，有待大幅提高； ④居民的生态环保意识较差，仍以追求高GDP为目标，浪费式消费比较普遍；制度建设落后，地方标准的环境保护规划不完备

2.2　生态文明建设指标体系研究

2.2.1　生态文明指标框架体系研究

由于各类指标体系的侧重以及体系构建的目的不同，大致将目前已有的相关生态文明建设指标体系分为六大类：可持续发展类指标体系、绿色经济类指标体系、生态承载类指标体系、生态环保创建类指标体系、生态文明规划类指标体系、生态文明研究类指标体系。不同生态文明指标体系及相关指标体系侧重点不同，各类指标体系特点及问题见表2-4。

表2-4　现有生态文明指标体系特点及问题

指标类型	特点	存在问题	代表性指标体系
可持续发展类指标体系	从区域可持续发展系统的角度出发，关注环境、生态和福利	指标个数较多，多为研究型指标	人文发展指数（HDI）、中国可持续发展能力评估指标体系、OECD可持续发展指数、UNSDC可持续发展指标体系、区域可持续发展指标体系等
绿色发展类指标体系	从福利、财富等角度探讨宏观经济的绿色化	文化、制度等方面的指标考虑不多	"国家财富"和"真实储蓄"、北师大中国绿色发展指数、综合环境经济核算体系（SEEA）、真实进步指标（GPI）、可持续经济福利指数（IESW）等
生态承载类指标体系	生态环境类指标为关注重点	指标体系相对片面	环境可持续性指标（ESI）、环境绩效指数（EPI）、生态足迹指标（EF）、生态效率、生态需求指标（EIR）、自然资本指数（NCI）、碳效率指数（USCEI）等
创建类指标体系	特定领域考核指标，可获得性、可操作性较强	指标领域、目标、深度、广度低于生态文明	生态文明建设示范指标体系（试行）、生态省（市、县）建设、环保模范城市、园林城市、森林城市、文明城市、卫生城市、节水型城市等创建指标
生态文明规划指标体系	形成区域生态文明指标体系雏形	框架不一、标准不一，构成上仍存在很大不足	《七彩云南生态文明建设规划纲要（2009—2020年）》《厦门市生态文明（城镇）指标体系》《贵阳市生态文明城市指标体系》，以及张家港、中山、杭州等生态文明试点地区指标体系
生态文明研究类指标体系	基于生态文明内涵	指标不全，评价标准不一	生态效率（EEI）、北京林业大学生态文明研究中心（ECCI）、浙江大学生态文明建设综合指数（CECI）等

党的十八大报告将生态文明建设提高到五位一体总体布局，指出"面对资源约束趋紧、环境污染严重、生态系统退化的严峻形势，必须树立尊重自然、顺应自然、保护自然的生态文明理念，把生态文明建设融入经济建设、政治建设、文化建设、社会建设各方面和全过程，努力建设美丽中国，实现中华民族永续发展"。考虑到文明是一个大系统，生态、经济、政治、文化和社会是其中并立的子系统，它们在相互交错中发生作用，共同推动人类文明发展。因此，生态文明建设的指标体系应以"一个空间、五大体系"为核心系统，即形成生态空间、生态经济、生态环境、生态人居、生态文化、生态制度六大体系的总体框架。

2.2.2　生态文明建设指标体系分析

2.2.2.1　生态文明建设指标频度与相关度分析

（1）生态文明建设指标频度分析

在上述指标体系总体框架构建的基础上，本书对厦门市、贵阳市、张家港市、中山市、西安市、承德市、无锡市、常熟市、厦门市、苏州市、杭州市、青岛市、深圳市、昆明市以及上海闵行区、吴江区、上海浦东区、苏州相城区、苏州高新区、沈阳浑南区、杭州临安区、珠海市生态示范区22个市（区）的生态文明建设指标进行全面梳理，对常用指标进行频度分析，分析生态经济、生态环境、生态人居、生态文化、生态制度五大体系中已有的常用指标。

生态经济指标构成主要以能源资源利用效率、产业结构为主，便于统计，可得性较好（图2-3）。

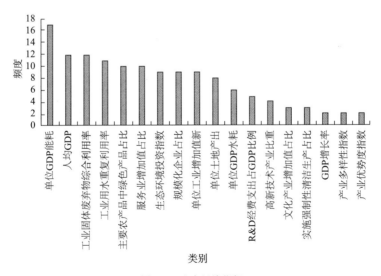

图2-3　生态经济指标

　　生态环境指标覆盖面广泛，指标量大，以生态环境治理、生态环境质量及压力指标为主，部分指标数据统计基础差，基础数据获取难度较大，存在区域性和尺度性的指标差异（图2-4）。

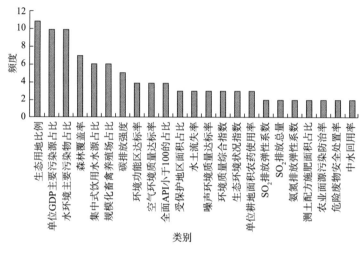

图2-4　生态环境指标

　　生态人居指标较丰富，以基础设施、生活水平为主，大多指标便于统计，可得性较好，关于人居与生态协调的指标较少，存在区域性差异（图2-5）。

　　生态文化指标涉及较少，指标主要侧重宣教和示范创建，定性指标较多，定量指标较少，且不同地区使用的指标差异较大（图2-6）。

　　生态制度指标相关的类型较少，以投资、公众参与、生态环境监管等为主，主观指标较多，指标可得性较差，现有指标仍不全面，不同区域指标统一性较差（图2-7）。

　　（2）生态文明建设指标相关度分析

　　由于生态文化、生态制度指标数较少，因此本书只针对生态经济、生态环境、生态人居指标进行相关性分析。

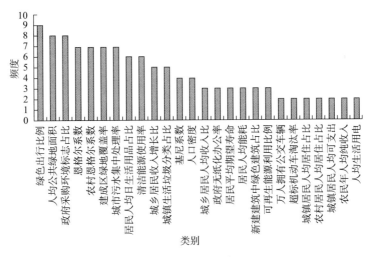

图2-5 生态人居指标

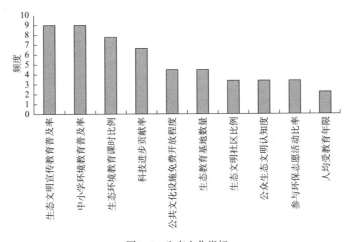

图2-6 生态文化指标

从生态经济类指标的相关性分析结果来看，单位GDP能耗、COD、SO$_2$等污染物排放量指标与其他经济类指标的相关性低，具有较强的代表性，能够体现地区生态经济的建设水平。

从生态环境类指标的相关性分析结果来看，森林覆盖率、受保护地区占国土面积比例与其他环境类指标的相关系数较低，自然保护区占

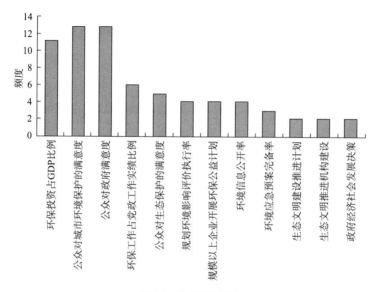

图 2-7　生态制度指标

辍区面积的比例与受保护地区占国土面积比例相关系数较高。

从生态人居类指标的相关性分析结果来看，城镇生活污水集中处理率、农村自来水普及率、城市人均公园绿地面积、人均预期寿命指标间的相关性较低，具有较强的代表性。

2.2.2.2　生态文明建设指标库建立

指标库的建立是生态文明建设指标体系构建的基础步骤。在对现有生态文明指标体系框架总结和具体指标进行频度和相关度分析后，以现有指标为主，并从生态文明建设的内涵出发构建和筛选新的指标，综合考虑指标的尺度性以及生态文明建设共性和差异性要求，建立了以"一个空间、五大体系"为核心系统的指标体系，形成了生态文明建设指标库。指标体系框架由三个层次构成，分别是核心层、系统层、目标层（图2-8）。

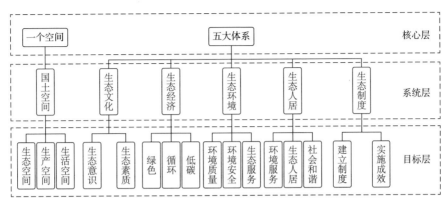

图2-8　"一个空间、五大体系"生态文明指标体系框架

（1）国土空间类

党的十八大报告明确提出"优化国土空间开发格局"的生态文明建设任务。为实现优化国土空间开发格局的重要战略任务，成为生态文明建设的空间引领，需要从生态空间、生产空间和生活空间3个方面，构建高效、协调、可持续的国土空间开发格局。

生态空间主要考虑自然环境的现状及发展，包括生态红线、森林草地覆盖率等内容，主要任务是划定生态红线，保障生态环境的健康；生产空间主要指区域开发强度，通过区域开发强度指标控制，协调经济发展与环境保护之间的关系，实现经济、社会、环境可持续发展；生活空间以人为主体，强调人类的生活宜居程度，主要包括人均居住地面积适宜度，旨在评价在一定的经济发展水平下，某一地区人口的生活适宜程度（表2-5）。

表2-5　国土空间类指标库

设计目标	主要任务	建议指标
生态空间	山清水秀	生态红线占辖区面积比例
		林草覆盖率
生产空间	集约高效	区域开发强度
生活空间	宜居适度	人均居住用地面积适宜度

（2）生态经济类

生态经济是指在生态系统承载能力范围内，发展一些生态高效的产业，建立绿色、低碳、循环、高效的经济发展模式。生态经济与传统的农业经济、工业经济相比，具有绿色循环、高科技和可持续性等特征，主要任务是从减少污染物排放、促进产业结构优化、污染物控制、减少资源能源消耗、提高资源产出率、提升资源综合利用率、废物处置降低程度、碳排放强度降低等，主要从经济增长、产业结构、循环经济、基础设施建设等方面反映经济可持续发展状况（表2-6）。

表2-6　生态经济类指标库

设计目标	主要任务	建议指标
绿色	减少污染物排放	单位GDP主要污染物排放强度 （COD、SO_2、NH_3-N、NO_x、工业固体废物）
		人均主要污染物排放强度 （COD、SO_2、NH_3-N、NO_x、工业固体废物）
		单位国土面积主要污染物排放强度 （COD、SO_2、NH_3-N、NO_x、工业固体废物）
		单位耕地面积化肥施用量
		单位耕地面积农药使用量
		工业粉尘排放强度
		烟尘排放总量
	促进产业结构优化	节能环保等战略性新兴产业增加值占GDP比重
		第三产业增加值占GDP比重
		主要农产品中有机、绿色及无公害产品种植面积的比重
		非化石能源消费量占能源消费量的比重
		应实施清洁生产审核企业的审核比例
	污染物控制	四项污染物约束性指标减排率
		工业废水达标率
		工业废气消烟除尘率
		重金属排放强度

设计目标	主要任务	建议指标
循环	减少资源能源消耗	单位GDP能耗
		水资源产出率
		能源消耗弹性系数
		规模以上工业增加值能耗
		单位工业增加值新鲜水耗
		农业灌溉水有效利用系数
	提升资源综合利用率	工业用水循环利用率
		工业固体废弃物综合利用率
		主要再生资源回收利用率
		中水回用率
		城市生活污水再生率
		农业秸秆综合利用率
		规模化畜禽养殖场粪便综合利用率
	废物处置降低程度	工业固体废物排放（含处置）降低率
		工业废水排放降低率
低碳	碳排放强度降低	碳排放强度
		单位GDP碳排放强度
		人均碳足迹

（3）生态环境类

资源节约、环境友好的生态环境是生态文明建设的空间前提，同时也是生态文明建设的根本目标。生态环境建设的主要任务在于提高生态环境功能和生态承载力，加大生态治理力度，最终体现为环境质量的不断改善（表2-7）。

表2-7　生态环境类指标库

设计目标	主要任务	建议指标
环境质量	提升生态功能	本地物种保护程度
		森林覆盖率
		物种多样性指数（珍稀濒危物种保护率）
	环境改善	环境功能区达标率（水、气、声、土壤、海洋）
		土地退化指数值变化
		环境质量指数变化
		二次开发用地土壤评估修复率
	生态治理	农业面源污染治理率
		生活垃圾无害化处理率
		生态恢复治理率
		污染土壤修复率
生态安全	风险防范	污染源达标排放率
		危险废物安全处置率

（4）生态人居类

生态人居是指人与聚居环境关系健康。通过构建相对公平和完善的社会环境生态、环境友好的自然生态和循环低碳的人居生活模式，优化人居环境景观，推广生态建筑，发展绿色交通和低碳生活模式，促进生态卫生、生态安全、生态景观、生活水平等不同层面的进步，实现环境、经济和人的协调发展。生态人居的主要任务在于不断完善基础设施建设、优化生态城市和人居环境、推动绿色生活与绿色交通（表2-8）。

表2-8　生态人居类指标库

设计目标	主要任务	建议指标
环境服务	完善生态设施	城市用水普及率
		农村自来水普及率
		农村环境综合整治率
		燃气普及率
		供热普及率
		城市人均绿地面积

设计目标	主要任务	建议指标
生态人居	绿色人居	城区透水地面比例
		生态住宅比例
		新建绿色建筑比例
		城市生活垃圾分类投放率
	绿色生活	人均生活耗电量
		人均生活耗水量
		人均生活垃圾产生量
		生活污水集中处理率
		中水回用比例
		生活垃圾无害化处理率
	绿色交通	节能环保汽车占有率
		机动车尾气排放达标率
社会和谐	福利水平	HDI（人类发展指数）
		人均GDP
		居民人均收入增长率与GDP增长率比值
		恩格尔系数（城镇、农村）
		基尼系数
		人均居住面积
		城镇化率

（5）生态文化类

生态文化的主要任务在于加强全社会的生态文化教育，提高全民族的生态文化素质，通过绿色创建、生态宣教、绿色消费等方式推动全社会生态价值观的转变。

绿色创建在于将绿色理念全方位地融入人们的日常生活、生产及社会事业之中，主要由绿色学校创建、绿色社会创建、绿色医院创建和绿色饭店创建等组成；生态宣教是将生态文化纳入公民教育体系和科技文化传播中去的过程，营造传播生态文化特别是生态文明观的文化氛围；绿色消费是一种健康的消费方式，实行绿色消费，不仅有利于生态环境优化，而且有利于人们的消费心理和消费行为向热爱自然、追求健康、降低消耗、杜绝浪费的方式转变；环保意愿主要体现在社会教育方面，通过生态文化建设引导公众主动参与生态环境保护，让保护生态自然成为每个公民的自觉行动（表2-9）。

表2-9 生态文化类指标库

设计目标	主要任务	建议指标
生态文化	绿色创建	绿色创建机构（绿色机关、社区、学校、酒店、ISO 14000认证企业等）比例
		生态文明示范区比例
		绿色学校比例
		生态教育基地数量
		生态文明城镇比例
		生态文明社区比例
生态意识	加强生态宣教	生态环境教育课时比例
		环保宣传教育普及率
		生态文明知识普及率
生态道德	促进绿色消费	节能电器普及率
		节水器具普及率
		绿色出行率
	提高环保意愿	环保公益组织数量
		参与环保志愿活动和环保组织人数占总人口比例
		规模以上工业企业开展环保公益活动的比例

（6）生态制度类

生态制度是开展生态文明建设的制度保证，是生态环境保护制度规范建设的积极成果。生态制度建设的主要任务体现在政府绿色投资、管理机构建设、综合决策能力和公众参与的环境权益等方面。

保障绿色投资的资金支出，推动绿色GDP稳定增长，将生态环境的改善与产品生产统一起来；加强管理机构建设，从机构数量和管理质量两方面加强生态文明建设政府管理能力；建立政府综合决策机制，完善有利于实现社会公平的环境资源分配与责任承担政策体系（表2-10）。

表2-10　生态制度类指标库

设计目标	主要任务	建议指标
支持能力	政府绿色投资	环境保护支出占财政支出比重
		农村人均改水、改厕的政府投资
		政采环境标志产品所占比例
	管理机构建设	环境管理能力标准化建设达标率
		千人环保机构数
法规制度	综合决策能力	规划环境影响评价执行率
		生态文明建设工作占党政实绩考核比例
		环保信访处理率
环境权益	公众参与	环境信息公开率
		公众环境满意度

2.2.3　分区分级的生态文明建设指标体系

由于不同地区的自然地理条件、经济社会发展水平、主体功能区定位各不相同，在实践过程中不同区域生态文明建设，必须从自身情况出发探索符合自身的区域路径与模式，实施差别化的生态文明建设内容。因此，在已有指标库基础上，需对国土空间、生态经济、生态环境、生态人居类指标进行分区设计，建立分区分级的生态文明建设指标体系。

2.2.3.1　生态文明建设的区域模式

基于国内相关研究，以人与自然关系为主线，综合考虑我国生态文明建设的区域性、阶段性、动态性等特征，考虑到生态文明建设考核评价的易操作性，将我国生态文明建设区域模式划分为生态优势型、综合发展型、经济优势型（表2-11）。

表2-11　我国生态文明建设分区模式划分

类别	生态优势型	综合发展型	经济优势型
自然环境	生态地位重要	生态地位一般	生态地位较弱
	自然环境为主	人工环境增大	人工环境为主
	环境本底较好	环境恶化趋强	环境恶化趋稳
人类社会	经济基础较差	经济快速发展	经济基础较好
	社会发展程度较低	社会发展程度中等	社会发展程度较好
	人为压力趋强	人为压力持续增强	人为压力趋稳
特点	生态优势	相对均衡	经济优势
	经济社会欠账	发展与保护矛盾	环境债务
建设策略	重点突破	全面统筹	稳中求进
	跨越发展	绿色发展	优化发展
空间分布	西部为主	中部为主	东部为主
	禁止、限制开发区	重点开发区	优化开发区

2.2.3.2　分级分区指标体系构建原则

（1）科学性

指标体系应建立在科学的基础上，体现生态文明建设过程中各类目标的实现程度。指标数值的计算应准确、真实，数据来源可靠，并可进行横向、纵向比较。

（2）可操作性

指标体系应能够契合生态文明现状与未来建设需求。应考虑指标的可定量化、数据可得性、系统性，尽量选择在生态文明建设实践中易于计算和易于获得的指标。

（3）动态性

指标体系应能够体现社会、经济和环境各子系统的动态变化特征。指标体系应具有时间序列特性，可进行连续监测，能够明确反映不同地区生态文明建设的现状及动态变化趋势，为未来生态文明建设的管理和预测提供指导和依据。

（4）层次性

指标体系应充分体现其内在合理的逻辑关系。根据生态文明建设的框架，按经济、环境、文化、人居、制度五个方面自上而下进行设计，应充分体现各类指标的关联性。

（5）差异性

指标体系应具有尺度差异和区域性差异。应考虑生态文明建设的空间尺度差异，分别进行省级、县级指标体系构建；考虑不同地区的经济发展水平与生态环境现状，因地制宜，进行不同区域的差异性指标体系构建。

2.2.3.3 分级分区指标体系框架设计

选取分级分区指标体系应遵循科学性、可操作性、动态性、层次性、差异性等原则，并充分考虑共性指标、分级指标、分区指标、指标使用范围等方面，体现生态文明的内涵、体现空间尺度差异、突出地方特色，便于分区管理的特点。

共性指标考虑：在已有指标库基础上，筛选生态文明共性指标。即发展生态文化、增强全民生态文明意识；保护和改善生态环境、为广大居民提供高质量的生产和生活环境；建立和完善生态制度体系，为生态文明建设过程提供有力的制度保障。

分级指标考虑：国家生态文明建设评价反映全局性问题和全国共同特点，省级反映区域性问题和地方特色，县级指标更多地考虑指标的可操作性。

分区指标考虑：一方面，共性和差异性指标要用三种模式分区表示；另一方面，三种模式地区要分别考虑同类但不同表现的指标，如循环、低碳发展等生态经济类指标。

因此，按上述指标体系框架，基于分区管理的分级分区生态文明建设评价的具体指标体系如表2-12所示。

表2-12 基于分区管理的分级分区生态文明建设评价指标体系框架

系统	目标	准则	指标	单位	分级	分区
国土空间	生态空间	山清水秀	林草覆盖率	%	△	√
	生产空间	集约高效	区域开发强度		△○	√
	生活空间	宜居适度	人均建设用地面积		△○	
			城镇化率		△○	√
生态文化	生态意识	全民意识	生态文明的知晓度	%	△○	
			生态文明的认同度		△○	
	生态素质	身体力行	生态文明的践行度		△○	
生态经济	绿色	单位（建设用地）面积主要污染物排放强度	a.化学需氧量（COD）	kg/km²	△○	√
			b.二氧化硫（SO_2）		△○	√
			c.氨氮（NH_3-N）		△○	√
			d.氮氧化物（NO_x）		△○	√
		结构优化	人均GDP	%	△○	
			第三产业增加值比例		△	
			产业结构相似度		△	√
			区位基尼系数		△	
			科教经费占GDP比重		△	

续表

系统	目标	准则	指标	单位	分级	分区
生态经济	循环	资源能源消耗	单位GDP能耗	吨标煤/万元	△○	√
			人均能耗	吨标煤/万元	△○	√
			单位GDP水耗	吨/万元	△○	√
			人均水耗	吨/人	△○	
	低碳	碳排放	单位GDP碳排放强度	吨/万元	△	√
			人均碳排放强度	吨/人	△	√
生态环境	生态服务环境质量	生态服务	水源涵养能力		△○	√
			固碳释氧能力		△○	√
			土地服务能力		△○	√
		水	地表水好于Ⅲ类水体的比例		△	
			水环境功能区达标率		△○	
		气	优良天数比例		○	
			PM$_{2.5}$年平均浓度		○	
		土	土壤环境质量		○	
		声	声环境功能区达标率		○	
			近岸海域海水达标率		△○	
		生态	生态状况指数（县）		△○	
生态人居	环境安全	风险防范	环境管理能力标准化建设达标率	%	○	√
		生态治理	生态环保投入占GDP比重		△	
			危险废物安全处置率		○	√
			农业面源污染治理率	%	○	
			生态恢复治理率		○	√
			污染土壤修复率		○	√
	环境服务	生态设施	人均公园绿地面积	m²/人	△○	√
			农村环境综合整治率		○	√
			城镇生活污水集中处理率	%	△○	√
			城镇生活垃圾无害化处理率		△○	√

续表

系统	目标	准则	指标	单位	分级	分区
生态人居	生态人居	安全饮水	集中式饮用水水源地水质达标率	%	○	
		绿色人居	新建绿色建筑比例		○	√
		绿色交通	绿色出行比例		○	√
	社会和谐	福利水平	城乡居民收入比	—	△○	√
			恩格尔系数		△○	√
			失业率		△○	√
生态制度	建章立制		生态文明制度制定和完备情况，生态保护红线	—	△○	
	实施成效		生态文明制度的实施效果，对其他相关制度的优化情况	—	△○	

注 △为省级指标；○为县级指标；√表示指标为区域差异性指标，具有不同目标值。

第 3 章

粤港澳大湾区生态人居建设路径

3.1 区域人居环境概况

粤港澳大湾区包括香港特别行政区、澳门特别行政区和广东省的广州市、深圳市、珠海市、佛山市、惠州市、东莞市、中山市、江门市、肇庆市（以下简称"珠三角九市"）。2022年年末，粤港澳大湾区总人口共8 630.03万人，总城市人口密度为1 541人/km²，是我国开放程度较高、经济活力较强的区域之一，在国家发展大局中具有重要战略地位。

3.1.1 时空人口特征

3.1.1.1 人口集聚程度显著，城镇空间格局持续优化

"十三五"时期，粤港澳大湾区人口高度聚集（图3-1），珠三角地区常住人口区域分布的基本格局没有改变，即超过62%的人口仍集聚在珠三角地区，区域内拥有广州市、深圳市、东莞市3个超大城市（常住人口1 000万以上）以及佛山市、惠州市两个特大城市。粤港澳大湾区主要城市的人口密度是全国人口密度较高的区域（图3-2），是全国平均人口密度的10倍之高，澳门、深圳、香港为全国较高人口密度的区域。广州、佛山、东莞、中山等4市人口密度继续高于北京和天津，而深圳则已超过了上海、香港成为全国人口密度较高的超大城市。

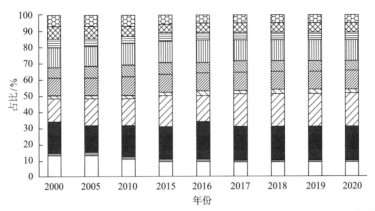

图3-1　粤港澳大湾区各城市人口占比

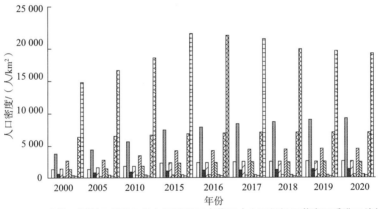

图3-2　粤港澳大湾区各城市人口密度

3.1.1.2　城镇化率快速增长，整体进入城市化后期

2020年，粤港澳大湾区城镇化率为88.44%，珠三角地区城镇化率为87.24%，分别高于广东省城镇化水平（74.15%）约14个百分点和13个百分点（图3-3和图3-4）；分别比全国城镇化水平（63.89%）高出近24个百分点和22个百分点；粤港澳大湾区城镇化率略低于上海2个

百分点、北京0.3个百分点。参照美国城市地理学家诺瑟姆对世界各国城市化后期（人口城镇化70%~90%）的研究理论，目前粤港澳大湾区、珠三角地区城镇化已整体进入后期发展阶段。珠三角地区除肇庆市、江门市之外7个城市进入城市化后期阶段，其中城镇化水平最高的深圳市城镇化率为99.54%，最低的为肇庆市，城镇化率为51.02%，其次为江门，城镇化率为67.63%。

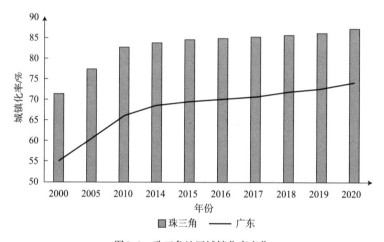

图3-3　珠三角地区城镇化率变化

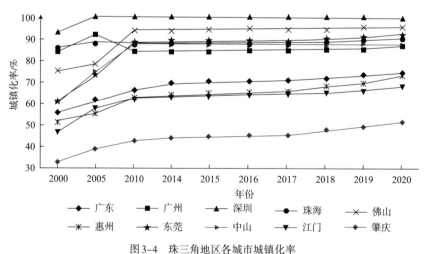

图3-4　珠三角地区各城市城镇化率

3.1.2　城镇空间特征

粤港澳大湾区在"双区驱动"下，空间格局不断优化，城镇空间体系呈多元化、网络化格局。粤港澳大湾区空间格局演变过程中呈突破自然边界、珠江口两岸联系紧密、拓展空间纵深的趋势，粤港澳大湾区以香港、澳门、广州、深圳四大中心城市作为区域发展的核心引擎，扩散方向呈现多元化。广深港、广珠澳科技创新走廊和深港河套、粤澳横琴科技创新极点"两廊两点"架构体系，沟通边界地区增长的蜘蛛网状空间结构，并以命运共同体的方式参与到全球的市场竞争中。

3.2　生态人居建设成效

3.2.1　高位推进"绿美广东"生态建设

2023年是"绿美广东"生态建设的开局之年，各地依托基础条件较好的森林公园、郊野公园、湿地公园等已建或拟建的公园和其他载体，积极打造"绿美广东"生态建设示范点，掀起全民爱绿、护绿、植绿、兴绿热潮。一共报建示范点193个，完成林分优化20.81万亩❶、森林抚育28.20万亩，建设森林步道695km，实现县域全覆盖。广东省先后印发《广东省森林质量精准提升行动方案（2023—2035年）》《广

---

❶ 1亩≈666.667m²。

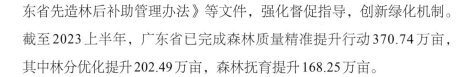

东省先造林后补助管理办法》等文件，强化督促指导，创新绿化机制。截至2023上半年，广东省已完成森林质量精准提升行动370.74万亩，其中林分优化提升202.49万亩，森林抚育提升168.25万亩。

3.2.2 实施城乡一体绿美提升行动

一是全域推进国家森林城市建设。以新一轮绿化广东大行动为契机，通过建设多类型的公园体系，扩大公园服务半径，建设生态屏障、绿色生态水网，打造类型多样、互联互通的生态廊道网络，大力推进广东省全域开展森林城市建设。目前，珠三角国家森林城市群基本建成，全省21个地级市全部开展国家森林城市建设，14个地级市获得"国家森林城市"荣誉称号，22个县级城市创建国家森林县城通过国家林草局备案。

二是深入推进镇乡绿美建设。根据生态资源本底、文化特色建设休闲宜居型、生态旅游型和岭南水乡型森林城镇。实施乡村绿化美化工程，按照"一条绿化景观带、一处乡村休闲绿地、一个庭院绿化示范点、一片生态景观林"标准，把乡村建设成生态宜居、富裕繁荣、和谐发展的美丽家园。目前全省已建成广东省森林小镇175个，国家森林乡村440个，省级森林乡村622个。

三是大力推进绿美乡村建设。依托乡村古树资源，结合古树保护、养护和复壮等措施，打造以古树资源为特色并具备休闲、游憩和科普宣教功能的绿美古树乡村。依托红色革命遗迹、革命历史和革命故事等人文资源，结合乡村风貌整治，通过红色主题景观建设、红色主题道路建设等，打造以红色旅游、生态宜居家园为特色的绿美红色乡村。

目前广东省已建成绿美古树乡村68个，绿美红色乡村86个。

3.2.3　持续提升城市绿地建设水平

近年来，广东积极推动城市园林绿化建设工作，全省人均公园绿地面积、建成区绿化覆盖率、建成区绿地率分别达到17.49m²、42.27%、38.35%，位于全国前列。城市公园体系不断丰富完善，共建成公园5 043个，口袋公园2 220个，数量在全国排名第一。国家园林城市创建工作成效显著，20个城市获得"国家园林城市"称号，珠海市入选首批国家生态园林城市。提升城市绿地建设水平经验总结有3点。

一是以"南粤公园"为品牌，对城市湿地公园、儿童公园、动物园、植物园、口袋公园、综合性公园、古典名园、历史名园等进行系统梳理，分类指引，打造具有岭南特色的城市园林体系。

二是组织地市开展国家城市园林绿化垃圾处理和资源化利用试点工作，探索建立城市园林绿化垃圾处理和资源化利用体系，提高园林绿化垃圾处理和资源化利用水平，切实改善城市生态和人居环境。

三是充分利用拆迁腾退地、边角地、闲置地，推进留白增绿、拆违建绿、见缝插绿，加强立体绿化美化，大力建设一批"口袋公园"。2023年全省计划建设"口袋公园"328个，新增面积98.44 hm²。

3.2.4　有序推进城镇老旧小区改造

广东省委、省政府高度重视城镇老旧小区改造工作，2021—2023年连续三年列入省10件民生实事。2020—2022年，全省开工改造城镇老旧小区超过5 800个，惠及超过150万户居民。2022年，全省下达中央和省级资金共计18.60亿元，全口径开工改造老旧小区2 512个。广东省本级和广州市、珠海市的4项政策先后入选住房城乡建设部可复制政策机制清单并向全国推广；深圳市2021年、2022年连续两年荣获国务院督查激励（老旧小区改造）表彰城市；广州市、佛山市、珠海市、江门市等地6个改造案例入选住房城乡建设部"我为群众办实事"示范案例。

各地积极探索出一批模式创新的改造项目。广州市花都区老旧人大小区有机更新项目，采用EPC设计施工总承包模式，社会投资部分采用BOT特许经营模式，通过活化利用低效闲置用房和用地、配建机械停车楼、改造长者食堂等增加小区公共收益，丰富社区文化服务配套，完善小区日常管养；佛山市积极探索"EPC+O"模式，引入企业通过市场化方式，全链条参与改造项目的设计、建设、运营和管理，该市顺德区大良街道北部片区老旧小区改造成为全省首个成功采用"EPC+O"模式的改造项目。

3.2.5　扎实开展绿色社区创建行动

近年来，广东省扎实开展绿色社区创建行动，将绿色发展理念贯穿社区设计、建设、管理和服务等活动的全过程，积极推动社区基础设施绿色化、人居环境生态化、市政基础设施便利化、安防系统智能化，努力打造整洁、舒适、安全、美丽的绿色社区。结合原"广东省绿色社区"、宜居社区内容，形成《广东省绿色社区创建工作要求（试行）》中的5大创建内容、17个创建标准、42项创建要求。在尊重省内地区发展差异的基础上，提出珠三角地区不低于70%、粤东西北地区不低于40%、全省总体不低于60%的城市社区完成创建的要求。

截至2022年年底，全省21个地级以上市已有3 263个城市社区达到绿色社区创建要求，占全省城市社区总数的65.84%，提前超额完成国家部署的绿色社区创建任务。中山市、江门市、佛山市创建比例较高，分别有93.70%、83.53%、82.72%的城市社区完成绿色社区创建。深圳市延伸细化137项指标，形成一星级达标、二星级创优、三星级示范的三级绿色（宜居）社区建设评价标准；汕头市、潮州市打造具有片区特色、邻里共享、绿色低碳特点的绿色休闲广场、口袋公园、体育公园等公共场地，丰富群众休闲文化生活；肇庆市、阳江市结合历史文化街区保护工作，弘扬历史文化，提升街道空间品质；中山市新市社区以小榄传统花灯为切入点，积极推进街心公园"微改造"计划，通过开展"河小青"巡河护河行动、安置统一视觉识别灯饰等河岸景观改造活动，盘活社区古旧建造物，有效保留和传承社区历史文化。

3.2.6　以点带面推进美丽乡村建设

坚持乡村振兴为农民而兴、乡村建设为农民而建，加强乡村建设分类指导。将全省20户以上13.90万个自然村区分为干净整洁村、美丽宜居村、特色精品村三类标准分类建设。目前，90%以上自然村达到干净整洁村标准，创建美丽宜居村、特色精品村分别为107 730个、8 013个，分别占比77.00%、5.80%，其中42个村庄入选全国乡村旅游重点村，52个村庄被评为中国美丽休闲乡村。持续开展以"三清三拆三整治"为主的村庄清洁行动，以镇村为单元建立村庄清洁行动工作机制，绿化、美化、亮化村庄环境，惠及自然村 15.30 万余个，覆盖率达 99.80%，清拆破旧泥砖房 322 万余间，整治田间窝棚 12 万余间。农村基础设施不断完善，全省农村卫生户厕覆盖率达 96.00% 以上，农村公厕基本实现按需建设；农村生活污水治理率达 53.40%，农村生活污水处理设施正常运行率为 82.20%；农村自来水普及率达 99.00%，饮用水水质合格率达 90.48%；农村电网平均供电可靠率达 99.95%，在全国率先实现 20 户以上自然村全部通百兆光纤；已建成 33 个国家级电商进农村综合示范县和 42 个省级示范县，全省县、镇级物流节点设施（含邮政快递网点、供销合作社、电商服务站、农资农产品经营服务店、农村客货站场等）覆盖率达 100%。

3.3　生态人居建设存在的问题

我国生态人居建设仍有较大提升空间。当前，生态人居建设面临着建设用地的制约，土地市场的冲击，人工干扰的高度胁迫；自然生态结构总体上简单脆弱，抗活动干扰、降解废弃物的能力低，自然生产力及其环境效能潜力难以发挥；十分珍贵的自然生态信息对现代人的身心洗涤作用较弱；人口与资源的矛盾，经济发展的不平衡，城乡空间结构的不合理，局部生态问题突出等。

3.4　生态人居建设总体目标

生态人居体系建设的总体目标：构建生态、优美、舒适的生态生活体系，构建与自然生态系统和谐共生的生态人居体系。以提升服务功能、保证服务质量、改善生活条件为具体目标，不断提高公用服务基础设施的保障能力；坚持城乡均衡发展理念，沟通城乡人居环境系统间的内在联系，实现优势互补、协同进化，逐步缩小城乡人居环境差距；以突出区域景观特色为原则，促进城市密集型人居系统向生态型城市转化、乡村松散型人居系统向生态型村镇转化；进一步完善城市绿地系统，保持并提升乡村绿地服务功能；进一步落实民生改善工程，推进新型城镇化建设，改善城乡生活环境；统筹生态人居体系与生态文化体系建设，形成相互渗透、互为载体的有机共同体，打造自然环境优美、生活设施齐备、居住环境宜人的绿色生态和谐宜居区域。

3.5　生态人居建设路径研究

3.5.1　扩大绿色生态空间

3.5.1.1　提升城区绿化品质

加快"海绵城市"建设。依托粤港澳大湾区美丽海湾的自然格局和优良的生态资源本底，打造以"修复水生态、涵养水资源、改善水环境、提高水安全"为多重目标的"海绵城市"建设示范典型。推进各市域有条件的建筑、园林、道路、水系等项目开展"海绵城市"试点工程建设，形成强有力的示范效应。加强现有海洋、河流、湖泊、坑塘等水生态敏感区保护；强化山区林草资源保护，恢复绿色山体生态屏障功能，控制水土流失；结合城市排水系统、雨水调节池、雨污分流系统等海绵建设，积极打造集城市防洪排涝、生态、休闲、景观等功能为一体的城区生态廊道。

加强绿地系统建设。充分发挥粤港澳大湾区公园绿地、绿道和碧道等绿色生态基质的综合生态功能，构建多层次、多功能、立体化、网络式生态安全格局，形成"自然生态核心＋山水生态廊道＋绿色生态基质"的复合型生态空间结构。加快推进公共绿地和公共设施复合用地建设，积极推广城市立体绿化建设，多方位、多途径增加城市可视绿量。深入挖掘自然公园生态资源，加快谋划绿色中心公园，让居民出门见绿、身边有园，建设与自然资源保护相协调、与城市空间结构相适应、与城市产业发展相契合、与宜居宜业生活相统一的绿色空间系统。

3.5.1.2　推进万里碧道建设

实施绿道升级计划。推进城市绿带、城乡水网连接等"链接系统"项目建设，对已建绿道五大系统（绿廊系统、慢行系统、服务设施系统、标识系统、交通衔接系统）进行查漏补缺，完善绿道网络体系建设；持续推动绿道网络向绿色基础设施升级，有序延伸绿道网络，促进绿道与慢行、公共交通之间的衔接换乘，提高绿道使用率；以滨海绿道为建设重点，高质量建设江河安澜、秀水长清的万里碧道。以

"生态优先、合理开发、因地制宜"为原则，构建覆盖全区域的绿色生态廊道体系，推进绿廊建设，串联沿线重要的森林、田园、人文旅游资源，突显珠三角城市群"山、海、湖、城"共融共生的生态景观格局。

3.5.1.3　开展宜居社区建设

通过对居民社区基础设施"硬件"配套和"软件"升级，改善生态人居环境，完善供水管网及配套设施建设，推进优质饮用水入户，推广小区垃圾减量分类。定期组织社区居民开展丰富多彩的环保活动，积极开展"变废为宝"主题活动，设立社区废旧电池收集箱；建成一批固定的环保宣传设施，如环保标语牌、环保橱窗、生态教育雕塑等。持续推进宜居社区建设，逐步提高社区标准。探索将宜居社区创建工作纳入生态文明建设考核，有效调动政府、街道办事处、社区工作站的工作主动性和积极性；不断完善社区基础设施，改善社区环境质量，健全社区安全体系，提升社区服务水平，创新社区管理机制，为广大群众打造空间舒适、环境适宜、生活便捷、安全稳定、文明和谐的宜居生活环境。

3.5.2　优化人居生态环境

3.5.2.1　推进城市有机更新

完善城市更新体制机制。加强城市更新的顶层设计和制度创新，建立利益共享机制，合理把握时序节奏，推动征拆工作法制化。创新城市更新资金投入模式，推动实施模式向连片规划转变、经济平衡向区域统筹转变。强化规划引领和全周期管理，将城市更新纳入国土空间规划"一张图"，运用信息化手段，建立"刚弹结合"规划管控体系，实现规划、实施、监管的全流程管控和评估。

实施城市更新行动。 持续推进珠三角地区城中村、旧住宅区、旧工业区的更新改造、功能置换、产业升级等，探索成规模、成单元改造模式，促进旧工业区整合、复兴和升级，鼓励社区自我更新。结合老旧建筑和城市闲置空间的活化，发展特色楼宇经济，引导高新技术产业、都市型工业、现代服务业和文化创意产业等高端业态的集聚。总结推广经验，优化旧区人居环境，提升城市土地二次开发综合效益。

3.5.2.2　改善农村人居环境

打造美丽乡村升级版。 坚持规划引领，科学编制并实施村庄规划，以点带面、梯次创建、连线成片，进一步深化美丽乡村建设。高水平推进"千村示范，万村整治"工程，深入推进农村改厕、生活垃圾分类处理和污水治理，建立健全农村人居环境整治长效机制。实施镇村同建、同治、同美，鼓励绿色农房建设，全面推进农房管控和乡村风貌提升。系统实施农村生态环境综合治理，建设健康稳定的田园生态系统，提升村庄绿化美化建设水平。

提升乡村基础设施水平。 大力推进农村供水改革，实现珠三角地区自然村集中供水全覆盖，建立规模化发展、标准化建设、市场化运作、一体化管理、智慧化服务的农村供水体系。实施新一轮农村电网升级改造，推动供气设施向农村延伸。创新农村公共基础设施管护体制，全面提升管护质量和水平。

3.5.2.3　深入推广绿色建筑

严格落实《广东省绿色建筑量质齐升三年行动方案》，鼓励规模化发展绿色建筑，以大型公共建筑、政府机构、保障性住房等为重点领域，强化绿色建筑工程质量管理。以机关办公建筑和大型公共建筑节能改造为重点，实施能效提升工作。加大绿色建筑信息公开力度，加强对绿色建筑第三方评价机构信用管理，贯彻落实绿色建筑评价标准。组织编制市与县（区）两级绿色建筑专项规划，合理确定绿色建筑的总体发展目标，确定既有民用建筑绿色改造的总体目标、实施计划和保障措施。推进城市建筑节能、绿色建筑和新型墙材推广应用工作。加快推动装配式建筑发展，促进建筑产业转型，落实装配式建筑产业配套设施。

3.5.3　营造全民绿色生活

3.5.3.1　推行低碳环保出行

加大新能源汽车投放力度。继续推广新能源车辆，加快新燃料、新技术、低排放交通工具的普及。加强新能源汽车充换电、加氢等配套基础设施建设，开展光、储、充、换相结合的新型充换电厂站试点示范。不断扩大公共服务领域与客运新能源汽车应用规模，提高新能源汽车运营比重。推广使用纯电动物流车，引领交通货运行业使用LNG清洁能源车辆。

建设绿色步行环境。推广环保交通工具，引导消费者购买小排量、新能源等节能环保型机动车，加快共享单车、电动汽车充电基础设施建设。提倡公众采用绿色、低碳出行方式，推广汽车共享模式，鼓励公众拼车，降低轿车单载率。依托珠三角城市群城市景观风貌建设，串联城市公园绿地，构建以步行、非机动车为主要交通的慢行绿色交通网。在商业街区规划建设一批步行示范街，加快人行横道、过街天桥、地下通道等配套设施建设，促进市民低碳出行。

3.5.3.2 培养绿色生活习惯

倡导绿色消费。加强绿色消费的政策支持，营造鼓励绿色消费的良好社会环境。深入推进限塑工作，积极响应广东省下达的《关于进一步加强塑料污染治理的实施意见》。倡导勤俭节约的消费观，逐步引导人们的消费价值取向往绿色、低碳、节约、可回收方向发展，坚决抵制和反对各种形式的奢侈浪费、不合理消费。引导居民形成"资源有价、污染付费"的消费预期，自觉树立以"绿色、自然、和谐、健康"为宗旨的生态绿色消费观念。

开展生活垃圾分类。围绕生活垃圾处理"减量化、资源化、无害化"目标，按照"政府主导、全民参与、整体推进、标本兼治、长效管理"的工作思路，大力开展城乡生活垃圾分类处理、宣传、指导和监督工作。配套完善分类投放、收集、运输、处置体系建设，严格执行垃圾分类密闭清运，加大推进分类处置体系，加快开展城市生活垃圾分类试点工作。

实施塑料污染防治行动。聚焦餐饮、外卖平台、批发零售、电商快递、住宿会展、农业生产等六大重点行业强化减塑力度，聚焦体育场馆、旅游景区、文化设施、交通场站等四类重点场所以及河道、公路、铁路、背街小巷等四类重点沿线，协同推动塑料污染治理。深入落实

《绿色生活创建行动总体方案》（发改环资〔2019〕1696号）要求，以节约型机关、绿色学校、绿色社区、绿色家庭等创建行动为契机，将相关治理要求纳入创建评价指标体系，发挥典范引领作用，带动全社会参与塑料污染治理。

加大绿色采购力度。认真落实《节能产品政府采购实施意见》《环境标志产品政府采购实施意见》，制定并实施政府节能和环境保护产品采购落实情况监督检查办法，将落实情况作为政府部门年度考核内容。对政府采购人员、招标评审专家、供应商以及政府采购监督管理人员开展培训，提高其对绿色采购的认知，加大绿色采购在政府采购中的比例。

推进绿色办公。提倡办公人员日常办公方式"绿色化"。白天尽量自然采光，不使用的电子设备要关闭电源，尽量减少一次性纸杯、电梯、饮水机的使用，营造节能办公环境。大力推广网络、电视、电话等方式适当替代现有会议模式，减少会议过程中能源消耗。

3.5.3.3 普及节能节水器具

一是城镇生活方面。以绿色学校、绿色医院和绿色社区为试点，完善水资源有偿使用机制，在广州、深圳等城市开展节水节能示范，打造节能节水型城市。引导农村新建住宅采用节能节水新技术、新工艺，加强建设节水增效示范项目和节水增效示范小区。

二是工业方面。优化工业布局，建设节能节水型工业园区；大力推行清洁生产，编制清洁生产技术手册，开展清洁生产审核、验收、认定和培训等工作；限制火力发电、化工、造纸、冶金、纺织等高耗水行业发展，对工业企业进行节能节水工作实施指导。

第 4 章

粤港澳大湾区生态人居指标体系

4.1 宜居社区建设评价指标体系

4.1.1 宜居社区建设背景与意义

我国一般以社区居委会辖区作为社区地域范围。相较于普通社区，"宜居社区"具有以人本思想为中心意识，社区内空间充足、环境宜人、服务全面、整体安全、文化浓郁、管理先进、群体参与度高等特点。2009年，广东省政府提出了"力争用10年左右的时间，将我省建成安居、康居、乐居、具有岭南特色的宜居城乡"的目标，在全省范围内进行社区"宜居"改造（粤办发〔2009〕24号）。为此，广东省委、省政府明确了宜居社区建设的任务，即"2020年，全省社区基本达到宜居标准"。2012年出台《关于加强宜居社区建设工作的指导意见》（粤办发〔2012〕12号），在政府的督导下，促进加强社区"宜居"建设工作。随后，广东省住房和城乡建设厅总结归纳宜居改造的建设经验，制定并发布《广东省宜居社区考核指导指标》《广东省宜居社区考核标准》《广东省宜居社区评定标准》等系列标准来指导宜居社区建设。截至2014年，全省共有1 362个社区被授予"广东省宜居社区"称号（表4-1），创建成效斐然，宜居水平不断提升。

表4-1　广东省宜居社区分布

城市名称	"广东省宜居社区"数量/个		
	2013年	2014年	共计
深圳市	278	85	363
广州市	284	0	284
佛山市	101	57	158
汕头市	41	43	84
中山市	59	17	76
惠州市	10	63	73
江门市	30	17	47
珠海市	18	27	45
……	……	……	……
共计	925	437	1 362

　　宜居社区是宜居城市的基本组成单元，集中体现"以人为本"和"可持续发展"理念，是自然环境良好、经济持续繁荣、生活安全稳定、服务设施便捷、尺度舒适宜人、居民认同感与参与度高，符合"居住—工作—生活—交往"等功能的社区生态系统。大力推进宜居社区建设，是我国城市经济和社会发展到一定阶段的必然要求，是面向新世纪我国城市现代化建设的重要途径。新形势下，随着生态文明、适度宜居等理念的逐步深入，现行宜居社区评定标准亟待完善，需制定一套更加科学完整，普适性、操作性更强，更符合最新宜居理念要求的新标准。通过融入量化目标和实现途径，指导各地有效地开展宜居社区建设，为实现宜居目标提出建设路径和规范指引，真正实现"以评促建"。

在此背景下，2015年，广东省编制了全国首部宜居社区地方标准——《宜居社区建设评价》（DB44/T 1577—2015）。该标准自实施以来，成为各地市积极建设宜居社区的专业指导文件，有力地推动了宜居社区创建工作。随着粤港澳大湾区城市群的建设和人民生活水平的日益提高，标准需要顺应时代的发展与社会进步的要求。2020年，在省住建厅的牵头组织下，深圳市国房人居环境研究院同相关单位对2015年的《宜居社区建设评价标准》进行了修编，形成了《宜居社区建设评价标准》（DBJ/T 15-200-2020）（以下简称《评价标准》），并于2020年12月1日起实施。

《评价标准》对营造宜居社区的六大体系"空间、环境、安全、文化、服务、治理"进行重新梳理和定位，响应了粤港澳大湾区发展要求，吸收了最新生态文明，打造共建、共治、共享的社会治理格局等理念；在资源能源利用、无障碍设施建设、适老化改造、智慧社区场景应用等方面也提出了前瞻性要求，从绿色生态、便民利民、人文发展、安全保障等方面提升居民的幸福感。在助推实施粤港澳大湾区战略的大背景之下，《评价标准》对于推动"9+2"城市绿色低碳发展具有重要的现实作用。

4.1.2 宜居社区建设存在的问题

4.1.2.1 宜居建设发展不均衡，宜居水平有明显差异

根据广东省宜居创建成功率来看，粤东、粤西、粤北以及珠三角地区在宜居社区建设的水平上有明显的差距。珠三角地区宜居社区建设亮点多，成效较好，宜居社区建设发展水平明显高于其他三地。同时，

由于宜居社区建设尚无专项经费的支持，创建经费均由各地区财政统筹，导致粤东、粤西、粤北地区存在建设资金投入力度小、积极性不高的情况。

4.1.2.2 原有标准欠缺实操性，指导性不强

2015年前广东省相关标准侧重于宜居社区的考核及评审，在社区实际进行宜居社区建设的过程中缺乏实操性，难以为宜居社区建设提供指导。

4.1.2.3 宜居社区创建的重视程度不同，创建资金较难落实

珠三角地区对宜居社区建设重视程度高，例如，东莞市除了制定相关配套文件外，市、镇财政设立了宜居社区（村）建设专项资金账户，对社区进行投入补贴。其他三地虽建立了创建宜居社区的工作机构，但未能有效运作，各部门之间沟通和协调工作有待加强。省财政宜给予一定的资金扶持，或设立专项资金，促进宜居社区建设工作常规化。

4.1.3 宜居社区建设评价内容

广东省宜居社区建设评价内容包括社区治理、社区空间、社区环境、社区安全、社区文化、社区服务六个方面，并赋予了相应的评价指标。由于广东省不同区域的社区特色、资源禀赋千差万别，需实行差别化的指标分类指导，因此，评价内容根据实际情况设置了基础项、加强项和优选项，并增加了问卷调查这一主观评价指标，反映居民对社区宜居与否的主观意愿，既贴合民意，又可增强居民对宜居社区建

设的了解和支持。

社区治理：应考虑是否建立基层党组织领导、基层政府负责的多方参与、共同治理的社区治理体制，促进社区共建、共治、共享。

社区空间：考虑住宅、公共建筑、道路等设施是否通过合理的规划设计处理，使其全面、系统地组织成为有机整体，形成良好的生活空间。

社区环境：考虑绿化环境、卫生环境和环境保护三方面，包括公园、绿化、社区容貌、垃圾收集清运设施、低碳节能及噪声、空气、水体污染防治等要素。

社区安全：考虑社区管理机构是否按照安全类法律法规及制度要求建立社区安全机制，包括社区生产生活安全、治安安全、消防安全、自然灾害防治、纠纷调解等。

社区文化：考虑是否为居民提供文体休闲健身设施，开展文化体育宣传和培训，组建业余文体队伍，举办邻里文化节、社区运动会等活动。

社区服务：考虑是否为居民提供优质、高效、便捷的政务服务、便民利民服务和志愿互助服务，包括社区劳动就业服务、社会保障服务、社会服务、居家养老服务、物业管理服务、居民志愿服务等。

4.1.4 宜居社区建设评价等级划分

宜居社区建设评价分值由基础项（宜居社区建设过程中必须达到的指标项目）、加强项（宜居社区建设过程中比基础项要求略高的指标）、优选项（宜居社区建设过程中要求较高或具有特色亮点的指标项目）和满意度调查四部分得分组成，满分为110分。其中基础项、加强项和满意度调查三部分的总分为100分；优选项为加分项，总分10分。分值结构见表4-2。宜居社区建设评价总得分按式（4-1）计算：

$$S=F+E+O+M \qquad (4-1)$$

式中：F——基础项得分；

　　　E——加强项得分；

　　　O——优选项得分；

　　　M——满意度调查得分；

　　　S——宜居社区评价分值。

表4-2　评价分值结构

评价类别	数量/项	分值/分	合计/分
基础项	36	72	
加强项	12	23	100
满意度调查	10	5	
优选项	9	10	10
总计			110

宜居社区建设评价结果应分为三星级、四星级、五星级3个等级，定级规定如表4-3所示。

表4-3　宜居社区分等定级

序号	宜居社区评价分值（满分为110分）	宜居社区等级
1	总得分≥100分，且优选项得分≥5分，满意度调查得分≥3分	★★★★★
2	90分≤总得分＜100分，且加强项得分≥15分，满意度调查得分≥3分	★★★★
3	80分≤总得分＜90分，且基础项得分≥65分，满意度调查得分≥3分	★★★

注　不符合上述各等级宜居社区评价分值要求的，为非宜居社区。

4.1.5　宜居社区建设评价评分表

表4-4为广东省宜居社区建设评价评分表。

表4-4　广东省宜居社区建设评价评分表

序号	评价内容	指标分类	指标要求	分值	评价方式	得分
1	社区治理（13分）	基础项（8分）	建立党组织对各类基层组织全面领导的体制机制，健全基层党建工作机制	2	实地考察、查阅资料	
2			民主选举产生社区居委会成员，民主推选居民代表；社区居委会定期公开居务、财务和事务等	2	实地考察、查阅资料	
3			社区综合服务设施按照办公场所最小化、服务活动场所最大化原则合理设置，社区综合服务设施为每百户居民30m² 以上	2	实地考察、查阅资料	
4			建立社区协商制度，社区党组织、居委会牵头组织社区协商，通过议事协商促进社区治理	2	查阅资料	
5		加强项（4分）	住宅小区成立业主大会，并按规定选举成立业主委员会或自治管理组织	2	实地考察、查阅资料	
6			实行楼长制，楼长参与社区事务	2	查阅资料	
7		优选项（1分）	建有社区公共服务综合信息平台和社区网站，实现社区信息资源交互共享；充分利用新一代信息技术，开展"智慧社区"建设	1	实地考察、查阅资料	
8	社区空间（24分）	基础项（18分）	住宅建筑布局满足通风和采光的要求；新建住宅建筑布局、朝向、间距、建筑密度、容积率等因素符合规划要求	2	实地考察、查阅资料	
9			道路路面平整，无严重破损	2	实地考察	
10			社区建筑物、公共设施及场所的标识系统设置规范、清晰，且容易识别、理解	2	实地考察	
11			设有符合规范的机动车、非机动车公共停车场地以及配建设施	2	实地考察	
12			社区公共空间按照人车分流的要求设置机动车道、人行道、无障碍通道，合理设置斑马线、减速带、红绿灯；无占道停车，住宅区内道路保障救护车、垃圾车、消防车等车辆畅通	2	实地考察	

续表

序号	评价内容	指标分类	指标要求	分值	评价方式	得分
13	社区空间（24分）	基础项（18分）	社区设置卫生服务中心（健康服务中心）、卫生服务站等基层医疗服务场所，服务半径不大于800m	2	实地考察	
14			社区或周边的幼儿园、小学、中学等教育设施服务半径分别不大于300m、500m和1 000m	2	实地考察	
15			集中设置肉菜市场、超市、银行、药店等商业服务场所，服务半径不大于500m	2	实地考察	
16			社区设有二类公厕，且有其他免费向公众开放使用的卫生间	2	实地考察	
17		加强项（5分）	社区公共交通网络完善，公交站点有明确的公交线路标识，站台、站牌、站亭、座椅、交通网络地图等服务设施齐全；居民居住区到附近公交站点距离不超过800m	2	实地考察、查阅资料	
18			主要街道路面采用雨水渗透技术，人行道采用具有透水性能的地面铺装材料	2	实地考察	
19			设有可供自行车及行人专用的绿道，并与公共交通接驳；社区绿道可与城市绿道连接贯通	1	实地考察	
20		优选项（1分）	社区住宅与公共建筑配备符合要求的无障碍设施，社区内设置无障碍停车位	1	实地考察	
21	社区环境（23分）	基础项（18分）	社区绿地率达到25%以上，各类型绿地合理布局；社区内无侵占绿地、无损毁树木花草、无土地裸露	2	实地考察、查阅资料	
22			有效保护和管理古树、名木，且有详细的保护管理记录	2	实地考察、查阅资料	
23			社区容貌整洁，无违章搭建，商业街管理有序，无暴露的垃圾、污物，无卫生死角	2	实地考察	
24			社区内合理设置垃圾转运站、垃圾收集点，垃圾日产日清，无垃圾堆积和异味现象	2	实地考察	
25			河涌、湖泊、水池的水体及周边环境干净整洁无异味，居民能近水、亲水	2	实地考察	
26			商店、餐饮、娱乐等场所的污水处理、固态废弃物处理、烟气排放和噪声等符合环保要求	2	实地考察、查阅资料	

序号	评价内容	指标分类	指标要求	分值	评价方式	得分
27	社区环境（23分）	基础项（18分）	城市排水管网完善，排水沟渠密闭，排水通畅，无异味，实现雨污分流；室内排水系统设施完善，定期对公共区域排水点处水封进行排查，有效隔绝有害气体和微生物传播	2	实地考察、查阅资料	
28			社区内水、电、燃气、通信（有线电视、宽带网络）等公用管线齐全，架空管线规范、整齐、有序	2	实地考察	
29			社区设有中心公共绿地（社区公园），具备休息、游玩、步行、健身等功能，并分设儿童、老年活动区域	2	实地考察	
30		加强项（2分）	开展生活垃圾分类回收的宣传和教育培训，按规定配置各类生活垃圾分类设施，分类标志正确、清晰，实行垃圾分类回收	2	实地考察、查阅资料	
31		优选项（3分）	社区内有展现地域自然、文化特色的绿地景观；合理选用绿化植物，采用立体绿化、雨水花园等方式丰富景观层次、增加环境绿量	1	实地考察、查阅资料	
32			社区内实行餐厨垃圾分类收集、清运，实现餐厨垃圾减量化、资源化	1	实地考察	
33			社区内建筑物有效利用太阳能、再生水、雨水等资源	1	实地考察	
34	社区安全（21分）	基础项（16分）	社区范围内无仍在使用的危房及其他有安全隐患的建筑物	2	实地考察	
35			设置安防设施、监控设施和照明设施，按相关部门要求设置治安视频监控系统并正常运作	2	实地考察	
36			社区设置警务室，并按照人口比例配备警务辅助人员	2	实地考察、查阅资料	
37			建立治安防控群防群治队伍，按人口比例配备专职治安防范力量，开展治安防范评估工作	2	实地考察、查阅资料	
38			建立社区消防站；每个设有管理部门、物业服务的住宅小区应独立建设微型消防站；站内必须按标准配置完备的消防设施	2	实地考察、查阅资料	

序号	评价内容	指标分类	指标要求	分值	评价方式	得分
39	社区安全（21分）	基础项（16分）	社区内商业区、"三小"场所等公共区域以及住宅区的消火栓、灭火器等消防设施必须完好无损，定期进行维护保养，保障正常使用	2	实地考察、查阅资料	
40			社区内无高空抛物现象；物业服务企业应采取必要的安全保障措施防止高空坠物的情况发生	2	实地考察	
41			建立人民调解工作机构和制度，调解社区居民矛盾纠纷	2	实地考察、查阅资料	
42		加强项（4分）	社区统一设置安全区域，设置电动车集中停放及充电场所，确定安全管理人员，落实管理责任	2	实地考察	
43			明确消防安全专（兼）职管理人员，落实消防安全"网格化"管理，定期组织社区居民开展灭火疏散逃生演练	2	实地考察、查阅资料	
44		优选项（1分）	建立完善的自然灾害防灾避险机制，开展防灾避险知识宣传培训，定期进行应急演练	1	实地考察、查阅资料	
45	社区文化（13分）	基础项（8分）	社区设置文体广场、篮球场、乒乓球台等文体休闲设施，至少配置一套健身器材	2	实地考察	
46			社区设置文化活动室（中心）、图书室或公共联网电子阅览室，免费开放时间为每周至少35小时并错时开放	2	实地考察	
47			社区设有文化宣传栏，普及文化艺术、体育健身、节能环保、公共安全、生活常识等方面的信息资讯，反映社情民意	2	实地考察、查阅资料	
48			社区居民组织成立各类文化团体和体育组织，举办小型文艺晚会、邻里文化节、社区运动会等文体活动	2	查阅资料	
49		加强项（2分）	积极引导社会力量提供公共文化服务，开展健康健美、文化艺术、社会科学等知识讲座和培训	2	查阅资料	
50		优选项（3分）	符合开放条件的学校或社区体育公园在保障各项工作秩序的前提下，免费、优惠或有偿向社会开放体育场馆设施	2	实地考察	
51			保护、传承与发展本地民俗风情、文化遗产等社区特色，或形成居民喜闻乐见、社会影响力大的特色文化	1	查阅资料	

序号	评价内容	指标分类	指标要求	分值	评价方式	得分
52	社区服务（11分）	基础项（4分）	设立公共服务办事大厅，提供劳动保障、计生、就业等"一站式"服务	2	实地考察、查阅资料	
53			建立以社区居民为主的志愿者队伍，其中环保、治安、消防、文化志愿人员各不少于2名	2	查阅资料	
54			居住区物业管理全覆盖，提供保洁、安保、配套设备定期检查、病媒生物防治等服务内容，运作规范，管理良好	2	实地考察、查阅资料	
55		加强项（6分）	设立社区服务中心（家庭服务中心、社工服务站），通过政府购买服务，为居民提供助老、残疾人关爱、妇女儿童权益保障及家庭服务、社区青少年服务等综合服务	2	实地考察、查阅资料	
56			社区培育建立各类服务性、公益性、互助性社会组织，积极服务社区	2	实地考察、查阅资料	
57		优选项（1分）	积极开展居家养老服务，在社区或周边设立老人日间照料中心、长者饭堂、长者课堂等多种形式的养老服务设施，居民一般步行15分钟可到达	1	实地考察、查阅资料	

4.2 深圳市宜居社区建设规划

4.2.1 宜居社区建设现状分析

4.2.1.1 深圳市宜居社区创建概况

2010—2015年，深圳市根据广东省创建宜居社区的要求，建立了实际评审考核机制，每年对各区（新区）组织创建、申报、初审并上报省住房和城乡建设厅。截至2015年年底，全市已建成省级宜居社区498个，获评率达到78%，超额完成省政府提出的"2015年年末，珠三角地区宜居社区（含省级、市级）比例达到70.00%"的目标及市政府《工作方案》中期目标"力争到2015年年底，原特区内宜居社区比例达到70%，原特区外宜居社区比例达到60.00%"，宜居社区在总量上实现逐年递增（表4-5和图4-1）。

表4-5 深圳市宜居社区创建总体情况

指标	2010年	2011年	2012年	2013年	2014年	2015年
获评累计总量/个	65	165	249	343	428	498
获评率/%	10	26	39	54	67	78

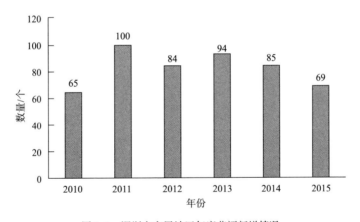

图4-1 深圳市宜居社区年度获评新增情况

4.2.1.2 深圳市各区宜居社区建设现状

图4-2为深圳市各区宜居社区创建达标率情况。

（1）深圳市福田区

福田区位于深圳市经济特区中部，是深圳市中心城区。辖区面积78.66km²，常住人口约144.06万人，共有10个街道办事处和92个社区。

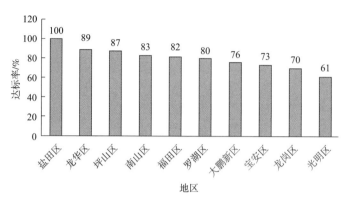

图4-2 深圳市各区宜居社区创建达标率情况

截至2015年，全区成功创建宜居社区数量75个，创建通过率为82%。

1）福田区宜居社区创建成效

一是以"民生微实事"为契机，加强宜居建设。福田区充分利用专项资金、政策导向、行政力量，有效调动、聚集了社会资金、社会智慧和社会力量的"多元参与"。至2015年，已办理1 639个微实事项目，涉及财政资金8 900多万元，吸引社会投入2 690多万元。人大代表、政协委员、党代表、社会组织、辖区企业、项目专家、社区义工、社工、居民、党员等社会力量，在"民生微实事"项目平台上发挥重要作用，成为"民生微实事"改革项目的有力推动者。如福保街道保税区"工会大食堂"项目，财政资金28万元的"引子"，便撬动爱心企业近330万元的资助，有效解决近15 000名企业员工的就餐问题。"民生微实事"改革，实现民生实事由"政府配菜"到"百姓点菜"、"自上而下"到"自下而上"、"为民作主"到"由民作主"的根本转变，每个项目投入少、见效快、产出高，高效解决社区内与居民群众利益相关的民生问题，赢得了广泛的民心。据统计，此项改革的成功实施，居民群众的满意率达到99.30%。

二是以"六心工程"为抓手，创建宜居社区。为了推进宜居社区建设，福保街道益田社区大力实施以"聚心、舒心、暖心、贴心、安心、欢心"为抓手的"六心工程"，努力将社区打造成为公平正义、诚信守规的法治社区，人心和善、家庭和美的和谐社区，环境优美、服务完善的多彩社区。

自2012年6月"深圳市福田区福保街道益田社区宜居社区建设"入选广东省第二批社会创新观察项目，开展宜居社区创建以来，益田社区治理模式不断完善，服务和管理不断加强，环境和治安不断提升，居民群众对社区的认同感、归属感、幸福感明显提高，体现出明显的社会效果和持续发展能力，努力为全省的宜居社区建设树立了一个可复制、可推广的模板。2014年1月，益田社区获得广东省住房和城市建设厅"2013年广东省宜居社区"称号。

2）福田区宜居社区创建的有利条件

一是核心区位与便利的交通。福田区位于深圳经济特区中部，是深圳市的中心城区，也是深圳的行政、文化、金融、信息和国际展览中心。社区的交通完善性是宜居社区的一个重要指标。福田区内有广深高速公路起点站、深圳地铁中心枢纽站、福田口岸、亚洲较大陆路口岸——皇岗口岸和国内首座、亚洲较大、全世界列车通过速度较快的地下火车站——广深港客运专线福田站。深圳地铁4号线与香港地铁网络对接，往来深港十分方便。福田区的区位优势和交通资源为该区创建宜居社区提供了得天独厚的条件。

二是生态多样与资源丰富。福田区主要由24km²的中心城区和深南大道两侧带状经济开发区域及部分丘陵、山地、海滩组成。截至2015年，全区绿化覆盖面积3 131.88hm²，绿化覆盖率约为43%，人均绿地面积22.39hm²；拥有公园总数达109座，"百园福田"初具规模，建成绿道146.9km，其中37km的"环城绿道"犹如一条"翡翠项链"串联起城区"山、林、城、海"风光；全区空气质量优良率94%，饮用水水源地水质达标率100%。福田区丰富的生态和旅游资源，与宜居社区"绿色、低碳、环保、和谐"的发展理念相符，是建设宜居社区的有利条件之一。

三是配套完善与服务全面。华强北商业街被授予"中国电子第一街"，是以电子配套市场为"龙头"，集钟表、通信、黄金珠宝首饰、家电、服装、娱乐餐饮、金融证券于一体的现代特色商业街。各类学校总计达236所，100%的义务教育阶段学校为市级规范化学校，普高、职高均为广东省国家级示范性高中；各类医疗卫生机构554家，承担着全市40%以上市民的健康医疗工作；建有文化馆（站）18个，文化广场54个，公共图书馆109个，已注册区级文化类社会组织58个，体育场馆1 985个；建有养老机构37个，养老床位总量达1 041张，实现辖区10个街道全覆盖。其完备的教育、医疗、体育、文化等公共服务体系，完整的社会管理组织体系和制度体系为宜居城市建设奠定了坚实的基础。

3）福田区宜居社区创建的不利因素

一是城中村存在安全隐患，管理难度较大。福田区位于深圳市的核心地带，代表了城市的主要形象。但由于福田区的城市化速度过快，原有的农村地域在还没有完成角色变换的情况下就一次性地全部变成了城市地域，因而出现了明显的城中村现象。福田区下辖15个城中村，总面积约390.6hm²，占整个福田区面积的4.96%。这些村呈带状环绕于中心区周边，严重影响市容市貌。这些因素会对福田区宜居社区创建带来更大的阻力和形成更高的难度，在社区空间、社区环境等方面都需要投入更大精力进行改善。

二是公共服务资源发展不均衡。福田区总体公共服务资源较完善，但存在着资源发展不均衡的现象。由于受各种因素的影响，部分资源的规划赶不上城市发展的脚步，辖区内部分社区的公共服务和社会管理水平、人居环境质量等各方面与其他较为成熟的社区相比存在着差异，而且形成了大量土地产权不清、合法建设与违法用地交织的复杂局面，是宜居社区创建的主要问题之一。

三是公众对宜居社区创建的认知度偏低。大部分街道、社区的工作人员，对宜居社区创建的认识仍停留在"准备资料"的层面，并未将宜居社区创建作为社区提升的一项长期工作来对待，没有重视社区整体环境的实际提升。同时，区级、街道、社区对宜居社区创建工作不够重视，甚至出现消极对待的情况。

（2）深圳市罗湖区

罗湖区地处深圳中部，面积78.75km²，其中建成区面积35.08km²，其余主要为深圳水源保护区和梧桐山森林保护区，森林覆盖率达50.10%。下辖10个街道办事处，115个社区居委会，83个社区工作站，其中创建成功的社区数量为66个，创建通过率为80%。

1）罗湖区宜居社区创建的有利条件

一是较早的建成区，配套成熟。罗湖区是深圳市较早建成的区，也是改革开放的起步之地。各种社区配套（教育、医疗卫生、商业设施、政务）齐全，全区共有各级各类学校（园）221所，卫生机构368间，设有社区健康服务中心48间，养老床位达到1 183张，为宜居社区建设提供了大量的人力、物力支持。

二是具有"一半山水一半城"的特点。位于深圳市中部地带的罗湖区是深圳的核心城区，它东起深圳最高峰梧桐山，南临深圳河与香港新界隔河相望，西与福田相连，北为银湖山、布心山生态保护区。全区绿化覆盖率64.47%，人均公园绿地面积达17m²。2015年大气环境质量优良率为94.50%，主要饮用水水源深圳水库水质达标率为100%，建成145km绿道和13km生态景观林。独特的生态区位优势以及优良的环境质量，为打造生态城区、宜居城区提供了有力保证。

三是产城融合，优势突出。借助先发优势，形成了以金融、商贸物流、商务服务、黄金珠宝、文化创意、电子商务为主的现代产业体系，罗湖区成为国内经济较为成熟的城区之一。以产业为保障，驱动城市更新和完善服务配套，为宜居社区建设提供了独特的发展思路。

四是公共管理体制逐步完善。在社区层面，改革社区管理体制，为社区工作站"减负瘦身"。通过直选居民代表（楼长）、推广应用社区议事规则，让居民利用居民议事会等平台自主协商解决社区事务。"十二五"期间，罗湖区完成了215个老旧住宅区的环境综合整治。开展"垃圾不落地，罗湖更美丽"活动，全区特级保洁标准路面增加162.54万m²，城区公共文明指数稳步提升。率先建成开放式志愿者服务大厅，新增志愿者团队262支，志愿者总数达10.2万人。

2）罗湖区宜居社区创建的不利因素

一是由于老城区物业产权分散，利益错综复杂，城市更新的推进难度相当大。由于罗湖区老旧住宅相对较多，住房质量和整体配套设施较差，消防和安全隐患较为突出，如果城市更新不能落实，则无法形成宜居宜商宜业的新环境。

二是作为老城区，优质均衡的公共服务供给不足，与群众日益增长的民生需求还有较大差距。人口及就业岗位高度密集，导致交通需求高度集中，交通压力巨大，整体交通态势非常紧张。罗湖区高峰时段主要道路80%的交叉口交通拥堵，60%的道路车速低于18km/h的国际警戒线，片区内交通微循环不畅；区内停车设施不足且缺乏信息指引，导致停车困难。

三是罗湖区人口密集，流动性大，低收入群体较多，保持社会和谐稳定有一定的压力。只有当贫富差距缩小，低收入群体的基本利益得到保障，才能真正意义上实现宜居。

（3）深圳市南山区

南山区位于深圳市西南部、深圳经济特区西部。全区总面积510.948km^2。南山区下辖8个街道办事处，100个社区，其中创建成功的社区数量为83个，创建通过率为83%。

1）南山区宜居社区创建的有利条件

一是坚持绿色发展，建设特色宜居南山。南山区依山傍海，环境优美，是深圳市生态资源和旅游资源较为集中的地区之一，南山旅游资源十分丰富。

二是坚持创新发展，公园之城特色鲜明。持续开展植树造林五年行动、公园建设年活动，全区绿化覆盖面积10 137hm^2，其中建成区绿化覆盖面积4 138hm^2。新建松坪山等公园35个，公园总数增至121个，实现每1万名常住人口拥有一个公园。全面开展市容环境"里子工程"、人居环境和城市管理"双提升"、"宜居出租屋"创建等行动，茶光项目成为全市棚户区改造典型。打造荷兰花卉小镇、西丽366大街、蛇口渔街等一批特色文化街区。实施渔一村等城市更新项目23个，整治长岭陂涵洞、新围村等易涝点80多处，"城中看海"现象基本消除。后海中心河在全市率先脱黑脱臭，成为景观河。深圳湾流域污染得到有效遏制，华侨城湿地公园建成开放，空气质量优良率逐年提升。

三是重视文化建设和社会治理。区级财政9项民生领域投入171.7亿元，增长84.30%；新增社康中心、门诊部等基层医疗机构60多家，医疗卫生服务网络实现全覆盖。社会养老服务和社区综合服务体系日趋完善，累计建成社区服务中心102家、社区家园网102个。探索推行"一核多元"社区治理模式，建成区社会建设服务大厅。更新改造老旧电梯147台，全面完成261个老住宅区管道燃气改造。在全国率先发布城区平安指数，"八类""两抢""两盗"警情分别下降60%、82%和69%。构建"看病易"智慧平台，缩短患者看病时间。在全省率先运用社会资本开办非营利性社康中心。

2）南山区宜居社区创建的不利因素

一是产能外迁速度过快。社区土地少、产业发展空间有限，要素成本上升较快，制造业产能外迁压力有增无减。

二是城市南北区发展不平衡。北部片区由于受饮用水源保护区和基本生态控制线约束，加上土地统征及管理遗留问题较多，发展相对滞后，成为南山国际化城区建设的一个重大短板。北部片区发展相对滞后，南北片区发展不协调问题依然突出。随着经济的发展，社会的进步，越来越多的人选择了汽车乃至私家车作为自己出行的主要交通工具，导致交通拥堵日益严重，河流、海域污染亟需治理。

三是交通、医疗、养老等公共设施不足。立体式交通网络没有形成，局部道路拥堵严重，微循环不畅，慢行系统没有全部贯通。常住人口千人床位数、千人医生数分别仅有2.17张和2.44人，低于全市平均水平。养老设施不能满足需求，人均公共文体设施面积不达标。

四是老城区旧城改造速度缓慢。由于利益主体多元、程序复杂，一些更新改造项目进展缓慢。旧城旧村"脏乱差"现象仍然存在，部分区域地下管网等基础设施老化、承载力不足。消除存量违法建筑时间紧、任务重，在建工地、人员密集场所等安全监管压力较大。

（4）深圳市盐田区

盐田区位于深圳市东部，辖区面积74.64km²。辖区自然环境优美，地理位置优越，大鹏湾海域面积达250km²，海岸线长19.5km，是深圳乃至广东的"黄金海岸"。盐田区共有4个街道办事处，18个社区，已全部创建成为广东省四星级宜居社区，创建通过率为100%。

1）盐田区宜居社区创建的特点

自2010年起，盐田区积极推动宜居社区建设，截至2015年，盐田区18个社区全部获得"广东省宜居社区"称号，在全市范围内率先实现100%社区建成省级四星级宜居社区的目标。

盐田区已建成253.3km绿道，其中省立绿道33.8km、海滨栈道19.5km，社区绿道58.5km，登山道141.5km。辖区公园数量60个（含街旁绿景），公园面积2 660hm²，行政区内园林绿地面积4 824.4hm²，建成区绿化覆盖面积921.5hm²，建成区绿化覆盖率45.53%。区公共自行车系统获得"广东省宜居环境范例奖"，开通253km绿道，19.5km海滨栈道建成并荣获住房和城乡建设部"部市共建国家低碳生态示范项目"称号。

全区共有公共图书馆（室）26个，藏书量73.70万册。文化馆1个，文化站4个，博物馆1个，区级图书馆1个，街道图书馆4个，社区图书馆21个。"城市街区24小时自助图书馆"覆盖率居全市首位，公共文化场馆100%免费向公众开放，中英街入选第四批"中国历史文化名街"。全区共有医疗卫生机构82家。

盐田区开展宜居社区创建的最大特色是在全区范围大力开展宜居社区宣传，积极营造宜居创建氛围。一是开展宜居社区创建成果宣传。通过讲座、活动等多重宣传方式从"社区空间、社区环境、社区安全、社区文化、社区服务、社区管理"六个方面，向居民详细介绍盐田区在创建宜居社区方面取得的成果。同时，结合通俗、易懂、好记的宣传口号，号召广大居民共同参与到宜居社区创建中。

二是开展宜居社区居民满意度调查。盐田区住房和城乡建设局通过开展宜居社区创建宣传活动，以调查问卷的形式搜集盐田区居民对社区宜居的满意度情况，从而对盐田区社区的宜居创建提出改进。2015年，宜居满意度调查共回收281份有效问卷。结果显示，居民对盐田区社区的基础设施、交通出行、绿化环境、水环境质量、卫生环境、治安状况、社区文化、社区工作者服务态度及社区工作站工作的满意度均在80%以上，对盐田区社区的宜居认同率高达91%。

2）盐田区宜居社区创建的有利条件

一是依山傍海，环境优越。盐田区拥有长达19.5km的海滨栈道，集景观步行道、自行车道于一体；盐田"绿动"公共自行车系统，是深圳首个政府出资建设和运营的自行车系统，为社区居民提供了免费、便捷、绿色、休闲、健康的出行方式。

二是多彩文化，绿色生态。盐田文化集生态文化、海洋文化、音乐文化、客家文化和历史文化于一体，多姿多彩，独具魅力。沙头角鱼灯舞被列入国家级非物质文化遗产名录；沙头角街道被中华人民共和国文化和旅游部授予"民间艺术之乡"；水上迎亲、客家山歌、疍家人婚俗等民俗文化引人入胜。

3）盐田区宜居社区创建的不利因素

一是发展空间资源约束凸显。辖区可建设用地匮乏，产业发展和公共服务项目受制于空间落地困难。现有产业用地以港口、仓储物流、工业为主，创新、研发型产业用地有限，优质产业空间不足，土地资源集约化利用水平较低，土地利用效益低下。

二是城区配套环境亟待改善。城区配套设施有待提升，商务环境和生活便利性仍需改善，对人流、商流、资金流、信息流等要素的吸引力和聚集力不强。教育、医疗、文化等优质公共服务资源供给不足。疏港交通体系不完善，拖车停车资源紧缺，梅沙片区旅游旺季交通拥堵现象突出。

三是受生态控制规划制约，老旧社区改造困难。区域内老旧社区较多，大部分处于生态控制线范围内，受制于规划因素和拆迁因素，部分项目改造受限，进展滞后。

（5）深圳市宝安区

宝安区位于广东南海之滨，全区面积733km²，海岸线长30.62km。宝安区南接深圳经济特区，北连东莞市，东濒大鹏湾，是未来现代化经济中心城市——深圳的工业基地和西部中心。宝安区共有6个街道办事处，125个社区，其中创建成功的社区数量为91个，创建通过率为73%。

1）宝安区宜居社区创建的有利条件

一是西部前海的区位优势。抓住深圳市建设粤港澳大湾区服务国家"一带一路"倡议的战略机遇，充分发挥宝安地处粤港澳大湾区核心节点的区位优势，打造"山—城—海"结合的生产、生活、生态空间结构，重点推进滨海文化公园、西湾公园二期、海上田园、潮汐公园等重要节点规划建设，连点成线，打造西海岸。

二是经济发展条件。以宝安推动国家自主创新示范园区建设为契机，与境内外知名大学、研究机构合作建设30个产学研合作基地。建设5家国家级创新基础平台或国家级创新基础平台分支机构，新增各类科技创新平台20个以上。实现规模以上工业企业研发中心覆盖率达到70%以上，建成15个以上的创客空间，建立科技成果网上展示转移交易平台。

2）宝安区宜居社区创建的不利因素

一是宝安以外向型经济为主。外贸依存度达151%，产业"大而不强"的情况仍然存在，特别是综合创新生态体系尚未形成，科技创新动力不强，而政府对企业的服务体系不完备、机制不完善。

二是资源环境制约日益趋紧。各类资源尤其是土地资源利用粗放、捉襟见肘，部分园区配套差、功能杂。宝安区的土地利用结构不尽合理，工业用地比例偏高，约占总建设用地的43%，商业、服务业用地及政府社团用地比例偏低，约占总建设用地4%。而根据宝安区近10年的规划，未来"工改研发"的项目75%集中在远离市中心的松岗街道、沙井街道、福永街道、石岩街道等西部地区，而靠近前海和宝安中心区的新安街道、西乡街道仅占25%，研发用房存在分布不合理，将对宝安区产业转型升级造成不利影响。

三是房屋混杂，外来人口多，各类重大安全隐患和群体性安全风险点多。

（6）深圳市龙岗区

龙岗区共有8个街道办事处，110个社区，其中创建成功社区数量为77个，创建通过率为70%。

1）龙岗区宜居社区创建的有利条件

一是"社区民生大盆菜"项目，凝聚社区民意。深圳市龙岗区"社区民生大盆菜"治理创新项目，入选"2015年度中国社区治理十大创新成果"。该项目是通过"居民点菜做菜、政府买单"的方式，对社区居民迫切需要、普遍关注的小事、急事、难事，通过施政方式的微改革，进行系统化、规范化、常态化办理，真正实现社区居民"我的实事我做主"。截至2015年，龙岗区先后实施了5批共4 111个"社区民生大盆菜"项目，总计投入经费5.3亿元。龙岗区的"民生大盆菜"项目作为龙岗区的重要特色之一，为创建宜居社区提供了有利的条件。

二是创新激励机制，推动宜居社区建设。制定创建宜居社区的行动措施和计划，将主要任务进行细化和分工，促进社区在居民住房条件、生态环境、公共服务水平、城市文明等方面逐年上台阶，最终打造宜居的目的。同时，积极创新激励机制，出台了《龙岗区物业服务企业激励机制实施办法（试行）》，发动专业的物业管理公司发挥优势，积极参与到创建活动中来。

三是出台社区治理"1+7"整体设计文件。"十二五"时期，出台社区治理"1+7"整体设计文件，针对社区治理难题，提出了一揽子解决措施。完成全区67个"村改社"社区的"政企社企分开"工作，实现人员和职能两个"剥离"。着力做强党委，做实工作站，做大居委会，做活股份合作公司，努力构建以社区综合党委为核心，以居委会自治为基础，以社区工作站为政务管理服务平台，社区各类主体共同参与的"一核多元共治"的社区治理体系。109个社区家园网上线，实现居民线上参与社区事务、办理个人事项、享受公共服务。

四是教育水平稳步提升。深圳中学、深圳外国语学校、深圳实验学校、华中师范大学第一附属中学等名校纷纷在龙岗设校办学，高等教育、学前教育、基础教育规模分别占全市的1/2、1/3、1/4。国际大学园区加快建设，深圳信息技术学院、香港中文大学（深圳）、北理莫斯科大学、吉大昆士兰大学、深圳国际太空科技学院已落户龙岗。大量的人才和财富在龙岗区集结，为龙岗区宜居社区建设提供财力和劳动力等多方面支持。

2）龙岗区宜居社区创建的不利因素

一是城中村现象明显，安全问题严重。龙岗区存在明显的城中村现象，外来人口众多，大量的流动人口和务工群体居住在城中村里。布吉街道、横岗街道、龙岗街道、龙城街道等区域的众多城中村，普遍存在乱收费、环境脏乱差、消防安全隐患严重、治安形势不佳、违法乱搭建等问题，对龙岗区宜居社区的创建造成形成很大的阻力。

二是城市配套设施落后于城市化发展速度。教育、医疗、文化等公共服务设施普遍存在数量不足、层次不高、服务距离过大等问题。原特区内外公共基础设施建设水平和标准不一，原特区外区域——龙岗区基本公共服务发展相对滞后。教育资源分布不均衡、优质教育资源紧缺、外来人口教育经费投入不足、卫生资源总量不足、分布及利用不合理、公共卫生服务均等亟待完善。

（7）深圳市坪山区

坪山区位于深圳市东北部，包括坪山、坑梓两个街道办事处和大工业区在内，是深圳市东部主要工业基地。坪山区共有2个街道办事处，23个社区，其中创建成功的社区数量为20个，创建通过率为87%。

1）坪山区宜居社区创建的有利条件

一是生态环境优美，地域文化沉淀丰富。坪山区生态控制线内用地88.89km²，占总用地的53.22%，河湖水面10.03km²，占总用地的6.00%，新区区域内地势南高北低，山川秀美，旅游资源丰富。深圳主要河流——坪山河贯穿全境。北、东、南三面有规划中的坪山—龙岗城市绿廊、坪山—坑梓绿廊、马峦山森林郊野公园环抱。主要地域文化旅游包括抗日东江支队革命纪念馆，马峦山中山学校等，优美的生态资源和文化底蕴空间为坪山区建设宜居社区创造了得天独厚的环境条件。

二是深圳和惠州城际交通网的促进作用。坪山区位于深圳与惠州两市的交界处，交通条件优越，区域有深汕公路、G15沈海高速公路（原深汕高速）、横坪公路等交通干道穿境而过。随着轨道交通和高速路网的大规模建设，坪山区将与市区乃至香港形成便利快捷的"半小时生活圈"。惠州与深圳两市的交通发展，为坪山区宜居社区建设提供良好的城市风向标，深圳与惠州两市的城际交通网线更为坪山区宜居社区的创建提供机会。

2）坪山区宜居社区创建的不利因素

一是城市发展起点晚，配套设施建设落后。坪山区社会经济发展基础较为薄弱，环卫基础设施的建设在全市处于落后状态，存在中小型环卫设施配置不足、环卫机械化作业率偏低、垃圾处理方式单一、资源利用率低等问题。

二是新区处于建设期，工业发展层次低，外来人口混杂。坪山区作为深圳市后方工业主要基地，整体产业层次相对较低，传统制造业企业数量超过70%，但产值贡献却低于30%。产业发展层次低造成新区工业产业的多元性，同时造就新区外来务工人员构成复杂，这些内在条件的不成熟性为坪山新区宜居社区创建工作的实效性带来不稳定因素。

（8）深圳市龙华区

龙华区下辖观湖、民治、龙华、大浪、福城、观澜6个街道办事处，36个社区工作站和100个社区居民委员会。其中创建成功的社区数量为32个，创建通过率为89%。

1）龙华区宜居社区创建的有利条件

一是市容环境提升，助创宜居社区。整治脏乱是改善区域环境、建设宜居城区的需要，为此，龙华区强力开展市容环境管理秩序"双提升"专项整治行动，对农贸市场、城中村、主干道等重点场所进行整治，定人定点全天候开展巡查防控、消防安全检查、交通综合整治等工作，全方位构筑安全屏障。清理乱摆卖7.20万宗，拆除乱搭建2.10万宗，完成12个"示范村"创建，切实提升城市面貌。在整治过程中，探索总结出一套城市精细化管理的长效机制。

二是文创产业集聚。龙华区拥有白石龙中国文化名人大营救旧址，观澜原创版画和永丰源"国瓷"两个国家级"文化产业示范基地"，中国首个专业版画博物馆——中国版画博物馆，国家级非物质文化遗产名录"大船坑麒麟舞"等一大批传统文化项目。文化创意产业集聚是推动区域发展文化创意产业的重要载体和平台，对于进一步整合资源，培育一批龙头企业提供便利。

三是生态环境优美。龙华区依山傍水，自然环境优美，拥有观澜湖休闲旅游国家5A级景区、山水田园国家4A级景区、观澜河、羊台山森林公园等生态旅游资源。龙华区大力推进绿化建设，公园总数达到101个，建成区绿化覆盖率为45.25%，2015年完成新区大道等20条道路绿化提升，连续两年在"美丽深圳"绿化提升行动绩效考评中荣获全市第一。

2）龙华区宜居社区创建的不利因素

一是城中村环境亟待提升。龙华区发展起步较晚，仍存在部分城中村，由于城中村自身的特殊性和大量外来人口的聚集，城中村卫生环境条件较差，生活垃圾不能及时清理，道路不能做到全天保洁，个别区域卫生死角较多。虽然龙华新区所有社区都已成功获评宜居社区，但城中村带来的诸多问题，仍是今后宜居社区建设的工作重点。

二是教育资源供求矛盾突出。由于成立时间较短和外来人口的大量聚集，龙华区在规划、政策的建立上跟不上快速膨胀的人口需求，使适龄儿童的教育问题日益凸显，高昂的收费和与教学质量不符的矛盾尖锐。龙华区学校分区不合理，部分学生上学路远，就近入学的原则无法得到很好的体现。

（9）深圳市光明区

光明区共有 2 个街道办事处，28 个社区，其中创建成功的社区数量为 17 个，创建通过率为 61%。

1）光明区宜居社区创建的有利条件

一是生态环境优美，绿色沉淀丰富。光明区生态环境优美，基本生态控制线内土地约 83.6km^2，占新区总用地面积的 53%。拥有水域面积 12km^2 的公明水库、占全市 40% 的 17 000 多亩基本农田，以及万亩荔枝林、光明高尔夫、农科大观园、滑草场等生态旅游资源。在城市开发中，光明区在绿色建筑、海绵城市、循环化园区等领域积累了较为丰富的绿色实践经验和技术储备。优美的生态资源和深厚的绿色积淀为光明区建设宜居社区创造了得天独厚的条件。

二是光明凤凰城和中山大学片区的辐射带动作用。开放光明凤凰城，将带动光明南片区成为新区发展的主引擎。集聚新区主要高端资源，超常规布局发展商业、教育、卫生、文化等公共服务，完善周边社区道路交通、基础设施建设。以中山大学·深圳项目落地建设为契机，加快优化周边交通体系，完善公共服务配套，引领带动光明北片区的整体转型提质发展。依托中山大学高水平运营管理新明医院，打造区域医疗中心，吸引名校、名师和学科带头人，弥补新区医疗设施和高级医护人员的不足。

2）光明区宜居社区创建的不利因素

一是城市化水平低，配套设施建设落后。光明区发展起步较晚，城市化水平低，基础设施相对落后，教育、医疗、文化等公共服务设施普遍存在数量不足、层次不高、服务距离过远等问题。新区学位较为紧张，小学平均服务半径超过3 300m，中学平均服务半径超过4 000m。千人病床数、千人医生数尚达不到全市平均水平的70%。工业用地占比过大，居住、商业以及公共服务用地占比偏低。

二是外来人口占比高，人口素质偏低。光明区户籍人口占常住人口比重仅10%，人口严重倒挂。制造业从业人员占在岗职工的比重为90.22%，相对低端的劳动密集型制造业人口仍是新区人口主流。人口结构不合理、人口素质偏低，已经成为制约光明区宜居社区建设工作的重要因素。

三是宜居社区创建经费未得到合理利用。光明区每年拨付10万元作为宜居社区创建经费，但社区并未合理使用这笔经费，未制定合理的资金使用计划，造成创建资金使用率偏低，资金未切实投入宜居社区建设中去。另外，区主管部门单位对宜居社区创建重点工程的立项及资金下拨过程也较慢，社区创建工作受到影响。

（10）深圳市大鹏新区

大鹏新区位于深圳东南部，陆域面积302km²，约占深圳市的1/6，海域面积305km²，约占深圳市的1/4，海岸线长133.22km，约占全市的1/2。下辖3个街道办事处，25个社区，其中创建成功的社区数量为19个，创建通过率为76%。

1）大鹏新区宜居社区创建的有利条件

一是居住条件方面。大鹏新区大部分住宅小区为居民自建楼小区，有别于原特区内的城中村，大部分住宅自带花园庭院，密度低，是较为理想的人居环境。另外，为完善居民对住房数量以及居住环境的需求，大鹏新区逐步加快安居工程建设，建成下沙及坝光安置区。

二是道路建设方面。随着深圳市"东进战略"的大力实施，大鹏新区交通基础设施建设也进入了快速发展期。轨道8号线延伸至大鹏纳入全市轨道交通四期建设规划，葵坝路、核龙路大鹏段、迭福立交改造等重要交通项目建成通车，鹏坝通道、环城西路、坪葵路扩建等项目动工建设，截至2015年年末，全区公路总长度168.84km，500m公交站点覆盖率提升至93%。

三是自然环境方面。大鹏新区靠山面海，环境优美，得天独厚，生态环境宜居指数连续三年全市第一。全区空气质量优良率达到97.50%，新区森林覆盖率高达76%。人均城市公共绿地面积达45.56m²，累计建成生态休闲绿道133km。葵涌、水头两个污水处理厂一期工程投入使用，污水处理率达到71.50%。

四是公共服务和管理方面。整合政府服务资源，解决群众办事"最后一公里"问题。全国首创出台民宿管理办法，有效促进民宿行业健康可持续发展。全市率先公开政务服务事项目录，建立职能部门权责清单。整合新区、办事处、社区三级数据资源，形成"三级三网一平台"信息化应用格局。成立全市首个"六合一"的区级公共资源交易中心，构建形成集约、便民、高效、廉洁的交易模式。

2）大鹏新区宜居社区创建的不利因素

一是大鹏新区成立时间较短，经济基数较小，市政基础设施建设滞后。公共设施历史欠账较多，市政交通、民生供给、旅游配套等是发展短板，城市面貌亟须不断完善，城市管理水平有待进一步提升。

二是社区集体经济仍然薄弱，发展模式单一，社区党组织与股份公司间的关系有待进一步理顺，破解社区经济发展"难题"的办法不多，居民收入仍处于较低水平，推动社区经济转型升级任务艰巨。

三是大鹏新区普遍是居民自建房小区，物业管理覆盖率低，物业管理机制不顺畅，管理手段和服务品质不到位，在满足居民需求方面仍存在较大差距。

4.2.2　宜居社区建设工作要求

以《评价标准》为指导标准，按照统一部署、分步实施、稳步推进的思路，完善公共服务设施，改善居住环境，保障居住安全，健全服务体系，丰富文化生活。

以"全面创建、宜居适度、分类推进、巩固提升"的原则为指导。全面创建是指在宜居社区建设过程中，四星级宜居社区和五星级宜居社区的建设要齐头并进。宜居适度是指在宜居社区建设过程中要注意开发强度与生态环境相协调。分类推进是指根据各区现状，归类社区，分批开展建设。巩固提升是指已获评社区的宜居水平不能停滞不前，要注重后续投入和可持续发展。

坚持"政府主导、社会支持、居民参与"的方式。区、街道、社区三级联动，开展建设，加强宣传。社区社会组织发挥积极作用，促进政府行政管理与社会资源有效衔接和良性互动。动员公众参与和社会协同的有机联动，构建由基层政府、社会组织、居民群众共同参与的宜居社区创建格局。

4.2.3　宜居社区建设的重点任务

4.2.3.1　完善社区基础设施

优化社区基础设施空间布局，重视老旧社区、城中村社区基础设施建设，完善社区交通、教育、医疗、文体、养老服务等机构设施，为充分发挥社区功能提供基础保障。

一是加强社区路网建设。遵循安全便利原则，加强对社区道路灯线带设施、标识系统、无障碍设施的建设，实现人车分流。保持社区主干道、小区通行道路、城中村巷道平整安全，铺设透水沥青。严禁占用消防通道。

二是完善社康中心建设。提高基层医疗机构服务能力，健全规划管理、财政补助、医保偿付和医疗收费等制度体系，完善双向转诊平台和机制，大力发展家庭医生签约服务。加大财政支持提升社康中心设备配置标准，适当扩大社康中心规模。积极推进符合标准的日间照料中心、老年人活动中心、长者饭堂等养老服务设施建设，各社区养老服务设施覆盖率需达到100%。

三是改善社区公共交通设施。重点配置和完善原特区外社区的公共交通网络，提高公交站点覆盖率，实现公交网络向社区延伸。开通区域短途"微循环"线路，解决"最后一公里"出行问题，无缝接驳轨道、快线、干线、支线等不同层次的地铁公交线网。完善公交停靠站站台、站牌、站亭、站架、交通网络地图等服务设施建设。

四是加强社区教育设施建设。按照有关规定和就近入学原则，配套建设中小学和幼儿园，建设面向社区居民的社区学校，开展教育培训、家庭教育、老年教育等活动，满足居民多样化的教育需求，提升社区居民素质。

五是加强社区公厕建设。充分利用公共绿地、立交桥底、垃圾转运站等公共空间配建市政公厕。社区辖区内公园、公共绿地、广场等应配套建设公厕，并加强对公厕的日常管理。商业设施、金融电信营业网点、加油站、机关单位社会公厕应向居民免费开放。公厕要求面积达标、通风采光好、导向标识清晰、卫生状况良好。

4.2.3.2　改善社区环境质量

完善社区环卫设施及排水管网雨污分流系统，提升社区绿地景观，优化社区公共空间，重点提升城中村、老旧社区的环境。提高居民环保意识，建设生态宜居的社区环境。

一是美化提升社区环境，保持社区环境干净整洁。全面提升清扫保洁市场专业化水平，优化环卫队伍结构，提高清扫保洁质量。加强小区垃圾屋（池）、垃圾转运站等环卫基础设施升级和管理，合理配置分类垃圾桶、密闭垃圾桶。加大对乱摆卖、占道经营、乱张贴、乱排油污的管控力度，对易反复回潮的地段派专人值守。

二是加强城中村管线整治。推动城中村和老旧小区雨污分流改造，加快污水管网建设，社区内无污水漫溢、漫流现象。全面梳理和整治城中村管线乱象，规范电线、电话线、有线电视线、移动通信机站架设和布线情况，使其符合安全规范。试点推进城中村三线下地工程，由社区工作站牵头，引入第三方机构进行规划建设。

三是提升社区绿化景观，建设社区公园。完善社区绿地建设，全面整治黄土裸露，在城市更新项目中增加有功能分区的绿地公共空间。城中村社区要通过屋顶绿化和垂直绿化提高社区绿化覆盖率。提升现有社区公园的景观效果和人文内涵，充分利用社区内的空地，建设新社区公园。

四是开展生活垃圾减量和分类。推动社区、社会组织、社工联动，共同实施生活垃圾减量和分类。在机关事业单位和商业住宅小区推行生活垃圾减量分类，并在城中村试点开展垃圾减量分类工作。建立街道、社区、小区三级目标责任考核体系，明确垃圾减量分类目标责任和任务，强化宣传教育，建立垃圾减量分类回收的长效机制。

4.2.3.3　健全社区安全体系

加强社区治安和消防安全管理，提高居民安全感，及时调解和处理社区矛盾纠纷，建立畅通的社情民意反映渠道，维护社会和谐稳定。

一是推进治安共管共治。完善社区内治安复杂区域滚动排查和常态化整治机制，强化社区内城中村、商贸市场、娱乐场所等重点区域整治，有机整合治安巡防员、保（治）安员、交通协管员等群防群治力量，提升主要街面"见警率"和重点部位"见警见车率"。深入推广平安促进会、治安理事会等成功经验，进一步推行社会治安共管共治。

加强宣传教育和应急演练，提高公众自救、互救和应对各类突发事件的综合能力。

二是强化社区监控建设。大力开展视频监控系统的补点建设和高清改造工作，强力推进城中村治安复杂区域科技围合工程，加快视频联网共享平台建设。在易发案部位、商业街区、人员密集场所、出租屋、特行场所、工业区等开展高清探头建设，实现重点部位、治安盲点区域监控视频网络全覆盖。

三是加强消防技防工作。鼓励和推广在居民家庭、"三小"场所安装独立式火灾探测报警器等技防设施。加强市政供水管网维护保养，实现消火栓"户籍化、信息化"管理，动态监控消火栓实时状态，确保完好有效。在社区重点建立"有人员、有器材、有战斗力"的微型消防站。推进消防信息化建设，构建"智慧消防"安全监管平台，提升社会火灾防控水平。

四是建立完善的地质灾害防灾避险机制。建立起区、街道、社区和责任人四级地质灾害群测群防体系，重点评估、排查和整治地质灾害及危险边坡、淤泥渣土及公园边坡等区域存在的重大安全隐患，开展防灾避险知识宣传培训，科学设置高层建筑物、体育场馆、会展场馆、涵洞、桥梁、大型群众性活动场所等重点建筑（设施）的安全防护和应急避险设施。

五是形成立体化网格管理。健全人民调解工作机制，并与综治、信访、维稳工作相结合，了解居民的意愿，重视解决居民的合理诉求，及时排查、调解和处理社区矛盾纠纷。实现每个责任网格与各区（新区）、街道、社区综治信访维稳三级平台及其他部门的信息联网。

4.2.3.4 丰富社区文体生活

完善社区文化设施，促进社区文体资源整合和利用，不断创新社区文化活动载体，加强社区间活动交流，丰富居民文化生活，促进社区历史文化传承与发展。

一是打造"10分钟"文化圈。完善公共文化服务，以步行10分钟为服务半径，统筹设置公共文体设施。同时，公共文化设施应体现弹性、便民、利民的服务特点，其日常开放时间应与社区居民正常工作、学习时间适当错开，提升服务效益。法定节假日、双休日的开放时间应适当延长。

二是广泛开展群众性文体活动。积极构建规模化、系列化、多层次的社区文化节庆活动品牌体系，鼓励社区居民市民传播文化，支持成立各类群众文化团队，加大对深圳粤剧团等本土专业戏曲艺术团体的扶持力度。同时，不断拓展文化志愿者队伍，引导文化志愿者进入街道、社区文化站（室）服务。在主要街区、生活小区、工厂生活区、文化广场以及机场、车站、码头等人员流动较大的公共场所设置社区文化宣传长廊以及文化阅报宣传栏，充分调动居民参与文化建设的积极性。

三是鼓励社会力量参与文体服务建设。建立政府主导、社会参与的多元文化投入机制，鼓励和支持社会力量通过投资（或捐助）设施设备、兴办实体、资助项目、赞助活动、提供产品和服务等方式，参与公共文化服务体系建设。鼓励通过众筹或成立公益基金等形式，开展公益文化活动。同时完善社区公益性演出补贴制度，通过票价补贴、剧场运营补贴等方式，支持社区艺术表演团体提供公益性演出服务。

四是推进学校体育场地设施向社会开放。完善学校体育场地设施向社会开放保障机制，建立健全学校体育场馆向社会开放的财政补助、保险、收费标准、安全管理规范、责任追究等制度，加大各学校执行情况监督检查，盘活学校体育场馆资源，提高学校公共体育场馆使用效率，促进体育资源共享。

4.2.3.5　提升社区服务水平

以满足社区居民的需求为出发点，不断拓展社区服务的内容，逐步扩大服务覆盖面，完善社区公共服务、居民自助互助服务和社区商业服务。

一是实行一站式政务服务。设立公共服务办事大厅，为居民提供劳动保障、计生、就业等"一站式"政务服务。行政服务大厅综合服务窗口实行一窗通办。充分考虑网上办事大厅的各项标准要求，建设一窗式业务综合受理系统，并无缝嵌入网上办事大厅。

二是建立"社区家园网"。按照"政府主导、社会运作，统一规划、贴近居民，实用方便"的要求，开发建设内容丰富、特点鲜明、贴近居民生活的社区家园网子网站，社区居民可以通过社区家园网参与社区事务、办理个人事项、享受公共服务，为社区居民提供一站式的信息惠民公共服务平台。

三是推进"智慧社区"建设。建设基层公共服务综合信息平台，建立移动互联网信息惠民服务平台，通过微信、手机App等移动互联手段，整合服务渠道，融合服务内容，实现便捷的居民信息服务。推动基于移动互联网的社区电商、社区综合信息服务。鼓励社会资本多元化投入，推进线上线下相结合的智慧社区服务体系建设，建立可持续发展的智慧社区建设运营模式。

四是大力推进社区志愿服务。构建"社工引领志愿者、志愿者带动各方"的良性循环服务链，提升社会工作服务与群众需求匹配之间的精准度，构筑养老助残、生态环保、进城务工子女社会融入、禁毒戒毒、应急救援、助医助学等重点服务领域志愿服务长效机制。

五是全面开展居家和社区养老服务。全面建成以居家为基础、社区为依托、机构为补充、医养相结合的多层次养老服务体系。

4.2.3.6　创新社区管理机制

发挥党组织领导核心作用，理顺社区工作站、居委会及其他社会组织之间的关系，完善网格化管理模式，发展社区自治组织，构建新型社区管理模式。

一是完善社区组织体制。健全以社区党委为社区工作领导核心，社区工作站为社区政务管理平台，居委会为主导，居民为主体，业委会、物业公司、驻区单位、群众团体、社会组织、群众活动团队等共同参与的社区治理架构。

二是建立社区民主管理制度。规范以居民（代表）会议为主要形式的民主决策制度，每年至少召开两次。健全在社区党委领导下以居委会为主导的社区居民议事会制度，可根据实际，设置若干社区居民议事会行动小组，收集社情民意。规范会议的召集、议事和决策程序。

三是推进基层协商制度化。健全基层选举、议事、公开、述职、问责等机制，推进基层协商制度化，健全完善以居民公约、社区自治章程等为主要内容的社区民主管理制度。要发挥社区家园网平台作用，充分利用社区家园网的网上论坛、社区聊天群等渠道，对居民进行宣传教育，鼓励动员社区居民积极参与社区民主管理事务，为社区建设建言献策，引导更多的居民参与到社区建设工作当中。健全民主监督制度，完善党务、居务、财务公开制度，深入开展居务公开民主管理示范创建活动，规范居务公开的内容、程序、方式等工作内容。

四是保障宜居建设经费投入。设立宜居社区建设专项经费，并通过多渠道筹集资金，确保将宜居社区建设纳入每年财政预算，持续有效进行宜居建设。

4.2.3.7 打造特色街区社区

一是保护和发展社区历史文化。加强岭南特色和深圳非物质文化遗产的调查、挖掘和保护传承工作，发掘"移民文化""客家文化"和"渔民文化"等文化特色，以文化遗产日、国际博物馆日、传统节日等为契机，开展形式多样的宣传展示活动，形成居民喜闻乐见、社会影响力大的特色文化成果，传承深圳优秀民俗文化。

二是加强宜居社区建设和"名镇名村示范村"建设工作的紧密联合。选择一批基础较好的城中村作为示范点进行"名村示范村"重点发展建设。通过城中村环境综合整治、景观改造和绿化美化建设，实现村容整洁、环境宜人、设施配套、生活便利等目标。在村容村貌、污水收集与处理、供水安全、社会保障、管理制度等方面建设具有示范作用的宜居城中村。充分挖掘和整合城中村现有优势资源，注重加强保护城中村自然风貌和历史建筑，传承人文气息和传统文化，倡导文明风尚和现代生产生活方式。

4.3 宜居指数综合评价研究——以深圳市为例

城市建设和发展处在不断变化中，对一个城市宜居水平的衡量也应从动态的发展历程来审视。宜居指数研究即是以可持续发展理念为出发点，对城市宜居城市建设阶段性成果的动态评估，反映该城市宜居水平的变化情况。

宜居指数研究是宜居城市建设的一项创新型举措，是打造"美丽深圳"的应有之义，也是贯彻落实党的群众路线，全面建设宜居宜业城市的内在要求。宜居指数研究对进一步深化和丰富城市内涵、提升城市综合竞争力、推动城市建设的可持续发展有着重要的战略意义。对各行政区而言，通过宜居指数、宜居发展（进步）指数测评，可使各区清楚地了解自身优势和不足，从而更好地指导各区开展宜居建设工作。对深圳市而言，深圳定位为国际化城市，运用宜居指数综合评价体系，精细测评宜居发展（进步）指数，通过对比分析，全方位应用宜居指数研究成果，对于提升深圳市国际化形象、提升城市综合竞争力都有着重要的意义。深圳市宜居城市指标体系评价定位于国际化标准，建立引领全国宜居城市建设的指标体系，为广东、粤港澳大湾区乃至全国的宜居城市建设提供实践范例。

4.3.1 深圳市宜居指数评价指标体系

4.3.1.1 指标选取原则

宜居指数研究是创新型的研究领域，指标的选取是宜居指数研究的核心内容，需广泛考虑各种可能影响深圳市宜居城市建设进程和水平的因素，指标的收集和选取需遵循如下原则：

①**综合性原则**：广泛考虑各种可能影响深圳宜居城市建设进程和水平的因素，着重引入影响因素较大的指标，分门别类，划分层次，综合反映宜居建设相关的项目及指标，揭示其内在特征及相互联系。

②**专业性原则**：集中反映能为各职能部门提供决策参考的宜居城市建设主要数据，运用系统化优化原理，科学设计评估指标体系，尽可能采用代表性强的核心指标，使评价指标既少又精，又专又准。

③**可操作性原则**：按照有利于实施现有统计报表制度，并能通过一定的统计设计和统计调查方式获得可靠数据的原则，考评内容尽量量化，指标尽量具体，方法易于操作，数据容易采集，同时考虑指标的层次，设一级指标和二级指标。一级指标覆盖宜居城市建设各个主要领域，二级指标覆盖宜居城市建设各个重要环节。

④**独立性原则**：同一领域中的各项入选指标因素之间至少在分析性质上相对独立，说明不同问题不同方向，按照统计检验的指标来设置，以利于定性分析。

⑤**可比性原则**：相对固定评价指标、评价方法、评价机构和评价基准期，确保测评结果纵向可比，促进宜居指数评价工作制度化、规范化和长效化。

⑥**定性与定量相结合原则**：指标选取上不仅选择了客观的定量指标，而且考虑到宜居城市建设的民众意愿，创新结合市民主观满意度问卷调查的定量结果。

4.3.1.2 指标体系结构

深圳市宜居指数评价体系及相应权重见表4-6，该体系由主、客观共计5项一级指标和25项客观二级指标构成。其中客观指标综合考量宜居城市建设四大领域（经济就业、生态环境、社会发展、居民生活）的客观水平，主观指标则以市民群众对宜居城市建设的主观感受度作为评价依据。分类指数评价为使用宜居指数的有关职能部门制定更有针对性的政策和改善措施提供了重要参考。

表4-6　深圳市宜居指数综合评价指标体系

属性	大类指标	序号	二级指标构成情况	单位	指标类型	指标权重/%
客观指标（政府部门官方统计）	生态环境指标	1	区域环境噪声平均值	dB	逆向	4.00
		2	空气质量优良天数比例	%	正向	6.00
		3	建成区绿化覆盖率	%	正向	4.70
		4	城市人均公园绿地面积	m²	正向	5.30
	社会发展指标	5	百人治安和刑事警情数	起/百人	逆向	3.00
		6	人均避难场所面积	m²	正向	2.00
		7	人均教育经费支出	元	正向	4.00
		8	普惠性幼儿园覆盖率	%	正向	3.60
		9	万人拥有医生数	人	正向	4.60
		10	每千人拥有卫生机构病床数	张/千人	正向	3.60
		11	道路交通运行指数（高峰时段）	—	逆向	2.60
		12	人均拥有公共文化设施面积	m²	正向	2.40
		13	每万人拥有公共图书馆、文化馆、博物馆数量	个	正向	2.20
		14	公共文明指数	—	正向	2.00
	经济发展指标	15	人均GDP	万元	正向	5.50
		16	万人有效发明专利拥有量	件	正向	4.50
		17	第二产业增加值占GDP比重	%	逆向	5.00
		18	第三产业增加值占GDP比重	%	正向	5.00
		19	恩格尔系数	%	逆向	5.50
	居民生活指标	20	社会事业和民生支出占财政预算支出比重	%	正向	4.40
		21	城镇居民人均可支配收入	元	正向	5.50

属性	大类指标	序号	二级指标构成情况	单位	指标类型	指标权重/%
客观指标（政府部门官方统计）	居民生活指标	22	基本医疗保险参保人数	人	正向	3.80
		23	基本养老保险参保人数	人	正向	3.80
		24	每万人拥有公共厕所数量	个	正向	3.00
		25	宜居社区比例	%	正向	4.00
主观指标（市民满意度调查统计）	宜居城市市民总体满意度		包括14个分项满意度：①水环境质量满意度；②空气质量满意度；③绿化建设满意度；④社区环境满意度；⑤食品/药品安全满意度；⑥应对突发公共安全事件能力满意度；⑦教育服务满意度；⑧医疗卫生服务满意度；⑨对特殊群体关爱情况满意度；⑩住房条件满意度；⑪公共交通服务满意度；⑫经济发展情况满意度；⑬城市文化环境满意度；⑭社区管理水平满意度	%	正向	—

4.3.2 深圳市宜居指数测算及分析

4.3.2.1 宜居指数数据标准化模型

采用极值标准化（百分制）的方法对指标数据进行标准化，在设定分值区间时，以常见的百分制等级评分表为参考，即该项指标表现最优得100分，表现最差得20分。由于分值区间不同于传统的[0，100]之间，因此需要对极值标准化公式作出相应调整。

宜居指标极值标准化公式如下：

正序：
$$P_i = 20 + (100 - 20) \times \frac{X_i - X_{\min}}{X_{\max} - X_{\min}} \tag{4-2}$$

逆序：
$$P_i = 20 + (100 - 20) \times \frac{X_{\max} - X_i}{X_{\max} - X_{\min}} \tag{4-3}$$

式中：P_i——某项指标标准化后的值；

X_i——i行政区该项指标的实际统计值；

X_{max}——该项指标在各行政区统计值中的最大值；

X_{min}——该项指标在各行政区统计值中的最小值；

如指标最大值与最小值相同，指标标准化值取100。

4.3.2.2 宜居指数测算结果

（1）客观部分

运用上述标准化方法测算得出分区各指标的得分情况，结合指标对应的权重进行加权测算，计算出宜居指数，测算公式见式（4-4）：

$$CLI = \sum_{i=1}^{n} W_i \times P_i \qquad (4-4)$$

式中：CLI（City Livable Index）——客观指标宜居指数；

W_i——第i项指标所对应的权重；

P_i——第i项指标标准化赋值结果（赋值区间[20，100]）。

（2）主观部分

主观部分市民感受度指数采用的是宜居城市市民满意度问卷调查结果。调查问卷综合分析10个行政（新）区的住房、社会保障、经济发展与就业、城市文化物价水平、社会治安、食品安全、水环境、空气质量、绿化建设、文体设施、交通状况、教育、医疗、卫生环境、社区等15个宜居城市因素的满意度，加之得到总体满意度。

（3）综合宜居指数测算结果

运用客观数据标准化和主观满意度调查相结合的方法开展宜居指数测评。

宜居指数（CLI）=客观部分×75%+主观部分×25% （4-5）

将各宜居指标与相应权重进行加权运算，对2017—2019年各年度深圳市及其各行政区（新区）的宜居指数（CLI）进行测算，结果如表4-7所示。

表4-7　2017—2019年深圳市及各区宜居指数（CLI）分布情况

| 年度 | 深圳市及各区宜居指数（CLI） | | | | | | | | | | |
	福田区	罗湖区	盐田区	南山区	宝安区	龙岗区	龙华区	坪山区	光明区	大鹏新区	深圳市
2017	75.11	74.22	77.02	66.62	54.53	56.99	53.70	61.83	51.08	66.22	63.64
2018	70.85	72.87	78.69	71.44	56.09	60.12	54.32	62.88	52.38	76.42	65.61
2019	71.19	66.60	71.30	69.46	53.65	55.74	54.09	62.09	55.32	66.44	64.21

注　本报告所指深圳市各行政区不包含深汕特别合作区。

2017—2019年深圳市及各区分项宜居指数分布情况如表4-8所示。

表4-8　2017—2019年深圳市及各区分项宜居指数分布情况

二级指标	行政区											
	生态环境指数			社会发展指数			经济发展指数			居民生活指数		
	年份											
	2017	2018	2019	2017	2018	2019	2017	2018	2019	2017	2018	2019
福田区	64.41	37.86	50.86	67.45	75.53	65.95	77.20	75.94	75.12	89.14	91.49	72.24
罗湖区	74.33	59.39	65.58	64.51	71.33	55.62	81.38	82.66	68.59	74.31	76.63	53.16
盐田区	85.92	87.06	68.16	67.58	68.29	70.62	73.88	72.49	69.49	79.67	79.63	57.10
南山区	57.24	53.93	50.98	52.43	63.63	55.01	59.83	71.06	83.66	93.37	92.80	68.15
宝安区	31.32	25.43	45.06	42.00	40.65	35.45	55.00	68.97	35.15	78.56	74.84	56.12
龙岗区	44.40	56.72	55.14	41.46	48.93	48.87	48.76	31.10	31.33	75.56	79.74	39.78
龙华区	34.45	41.92	41.87	43.73	30.56	37.29	59.40	58.04	38.3	61.82	70.92	47.50
坪山区	68.69	58.93	59.69	46.74	63.66	68.65	49.56	41.55	33.87	68.38	67.21	45.82
光明区	34.97	36.25	45.68	38.94	30.61	51.01	46.48	51.32	29.79	72.07	67.23	52.00
大鹏新区	72.95	97.06	79.09	60.31	71.92	70.24	51.01	70.04	40.98	60.49	60.73	41.56
深圳市	56.87	55.40	52.55	52.51	56.51	55.37	60.25	62.32	51.19	75.34	76.09	65.20

4.3.2.3 深圳市宜居指数结果对比分析

（1）综合宜居指数排名对比分析

图4-3和图4-4分别是2017—2019年深圳市及各行政区综合宜居指数和各区宜居指数分年度对比情况，以及各区宜居指数排名对比情况（表4-9）。

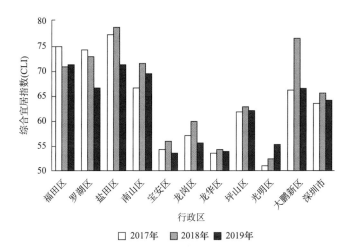

图4-3　2017—2019年深圳市及各行政区综合宜居指数

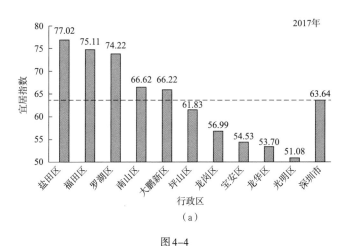

（a）

图4-4

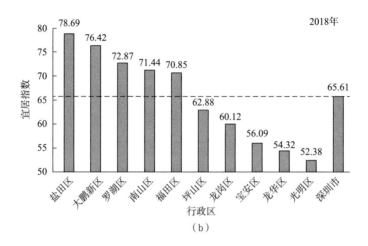

（b）

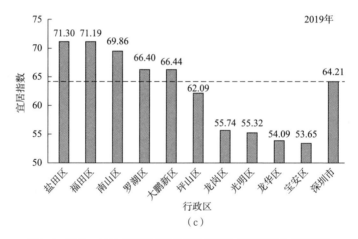

（c）

图4-4　2017—2019年深圳市及各行政区综合宜居指数分年度对比

表4-9　2017—2019年深圳市各区宜居指数排名对比情况

各行政区历年宜居 指数排名	2017年	2018年	2019年	2019年较2017年排名 升降情况
福田区	2	5	2	【=】不变
罗湖区	3	3	4	【↓】1位
盐田区	1	1	1	【=】不变
南山区	4	4	3	【↑】1位

各行政区历年宜居指数排名	2017年	2018年	2019年	2019年较2017年排名升降情况
宝安区	8	8	10	【↓】2位
龙岗区	7	7	7	【=】不变
龙华区	9	9	9	【=】不变
坪山区	6	6	6	【=】不变
光明区	10	10	8	【↑】2位
大鹏新区	5	2	5	【=】不变

2019年深圳市总体宜居指数为64.21。盐田区（71.30）、福田区（71.19）、南山区（69.46）、罗湖区（66.60）和大鹏新区（66.44），综合宜居指数高于全市平均水平；坪山区（62.09）、龙岗区（55.74）、光明区（55.32）、龙华区（54.09）和宝安区（53.65）低于全市平均水平。盐田区以71.30的宜居指数位居深圳10个行政区第一，福田区（71.19）和南山区（69.46）分别位列第二和第三。

2019年与2017年相比，福田区、盐田区、龙岗区、龙华区、坪山区以及大鹏新区的宜居指数均未发生变化，盐田区宜居指数始终位居深圳10个行政区第一，南山区、光明区宜居指数排名分别上升1位和2位，罗湖区、宝安区区排名有小幅度下降。2017年以来，福田区和大鹏新区宜居指数排名变动相对较大，其余各区排名相对较稳定。

（2）分项宜居指数对比分析

1）经济发展指数

经济发展指数包含人均GDP、万人有效发明专利拥有量、第二、第三产业增加值占GDP比重4项指标。图4-5和图4-6分别为2017—2019年深圳市及各行政区经济发展指数变化情况和各年度经济发展指数排名。

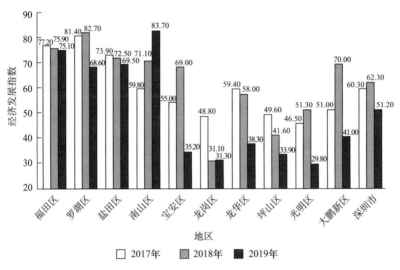

图4-5 2017—2019年深圳市及各行政区经济发展指数变化情况

从整体来看，各区的经济发展指数呈现明显的阶梯特征。2019年，南山区（83.66）、福田区（75.12）、盐田区（69.49）、罗湖区（68.59）4个行政区的经济发展指数明显高于全市水平（51.19）和其余6个行政区的经济发展指数。大鹏新区（40.98）、龙华区（38.3）、宝安区（35.15）、坪山区（33.87）、龙岗区（31.33）、光明区（29.79）6个行政（新）区则明显低于全市水平。

从具体数据看经济发展指数分项指标的贡献程度。南山区、福田区、盐田区、罗湖区的人均GDP显著高于其他区域，人均GDP超过20万元的区域除了以上4个行政区，还有大鹏新区。其中，2019年南山区人均GDP超过40万元，其他区域与之差距较大。从万人有效发明专利数量来看各行政区的创新能力，南山区万人发明专利拥有量以绝对优势位居第一，2019年达到383.50件，龙岗区、大鹏新区次之，但均在全市平均水平之上。盐田区、龙华区、宝安区、罗湖区的发明专利数量平均不到40件，在10个行政区中处于明显弱势（表4-11）。

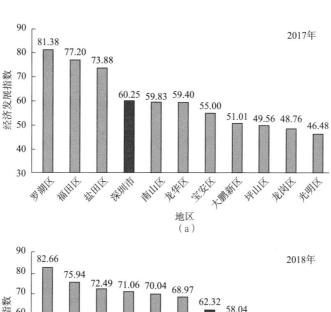

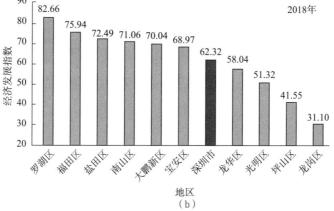

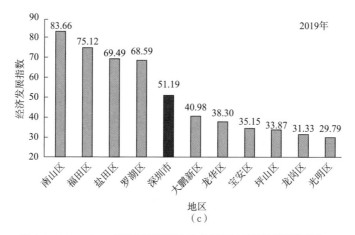

图 4-6　2017—2019 年各年度深圳市及各行政区经济发展指数排名

2）生态环境指数

生态环境指数包含空气质量优良率、城市人均公园绿地面积、建成区绿化覆盖率、区域环境噪声平均值4项指标。图4-7和图4-8分别是2017—2019年深圳市及各行政区生态环境指数变化和各年度排名情况。

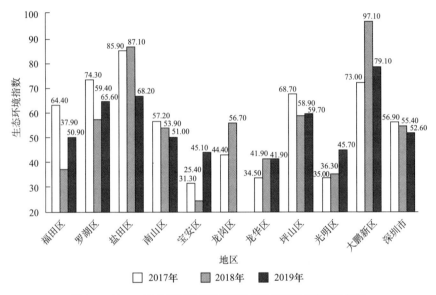

图4-7　2017—2019年深圳市及各行政区生态环境指数变化情况

由图可知，全市10个行政区生态环境指数具有明显的差异性。2019年，大鹏新区生态环境指数高达79.09，盐田区次之，生态环境指数为68.16，相比其他区域，生态环境优势突出。2019年，罗湖区、坪山区、龙岗区的生态环境指数也均在全市平均水平之上。和2018年一样，2019年大鹏新区、盐田区和罗湖区依然是前三位的排名，光明区和宝安区依然为10个区域宜居指数排名后三位中的两个区域。

从衡量生态环境指数的具体指标来看，光明区、大鹏新区和盐田区的人均公园绿地面积分别为30.85m²、29.27m²、21.09m²，显著高于全市平均水平（14.94m²）和其他各行政区的该指标数值，具有突出的优

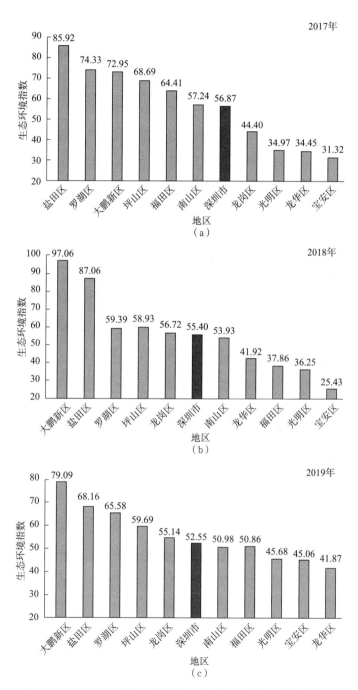

图4-8 2017—2019年各年度深圳市及各行政区生态环境指数排名

势。大鹏新区和罗湖区的建成区绿化覆盖率分别为85.75%和61.00%，远远高于全市建成区绿化覆盖率43.40%的水平；龙岗区、坪山区、盐田区的空气质量达到优良天数占比分别为96.40%、95.30%和94.50%，空气质量优良率较低的区域有宝安区、龙华区和光明区，其中光明区为75.20%（表4-11）。

3）社会发展指数

社会发展指数包含百人治安和刑事警情数、人均避难场所面积、人均教育经费支出、普惠性幼儿园覆盖率、万人拥有医生数、每千人拥有卫生机构病床数、道路交通运行指数（高峰时段）、人均拥有公共文化设施面积、每万人拥有公共文化设施数量（图书馆、文化馆和博物馆）、公共文明指数10项指标。图4-9和图4-10分别是2017—2019年深圳市及各行政区社会发展指数变化和各年度排名情况。

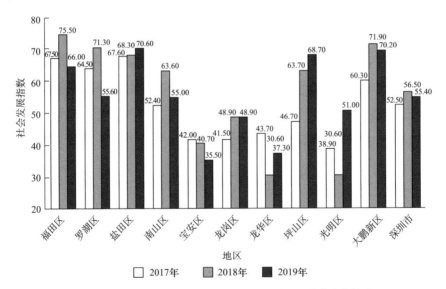

图4-9 2017—2019年深圳市及各行政区社会发展指数变化情况

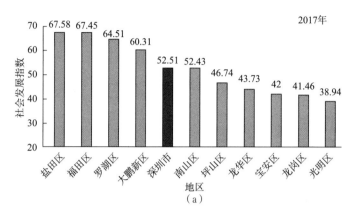

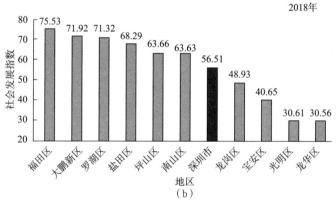

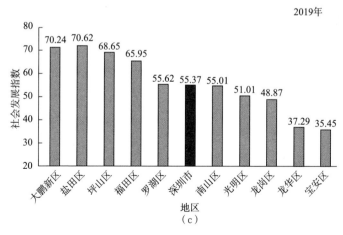

图4-10　2017—2019年各年度深圳市及各行政区社会发展指数排名

从图4-9可以看出，总体上各行政区社会发展指数可划分为三个档次，福田区、盐田区、大鹏新区、罗湖区社会发展指数排名比较靠前，坪山区、南山区、光明区、龙岗区社会发展指数处于中间水平，龙华区和宝安区的社会发展指数处于相对较低水平。

盐田区、大鹏新区的社会发展指数位居第一、第二位，从社会发展指数的分项指标来看（表4-11），两个行政（新）区在治安水平、应急场所面积、教育经费支出、普惠性幼儿教育、道路交通运行通畅度、公共文化设施面积和数量、公共文明程度等方面均显著优于其他各区，因此总体排名靠前。大鹏新区和盐田区的百人治安和形式警情数分别为0.64起、0.66起，远低于全市平均水平1.10起，该指标值较高的罗湖区、光明区的百人治安和刑事警情数分别为1.57起和1.37起。盐田区和大鹏新区的人均教育经费支出分别为7 124.96元和7 065.30元，而经济发展水平较高且人口众多的福田区和南山区的人均教育经费支出分别为5 805.09元和6 420.28元，龙华区该指标值为4 070.10元，坪山区对教育的投入经费最高，达到人均8 563.92元。同时由于盐田区和大鹏新区常住人口相对较少，且企业数量较少，道路通行压力较小，高峰期道路交通运行指数相对较低，分别为2.0、1.2，而福田区、罗湖区、南山区、龙华区高峰期道路交通运行指数分别高达4.7、5.7、4.5和4.4。在公共文化设施建设方面，盐田区和大鹏新区拥有较高的公共文化设施面积和公共文化设施数量。

4）居民生活指数

居民生活指数包含恩格尔系数、社会事业和民生支出占财政预算支出比重、城镇居民人均可支配收入、基本医疗保险参保人数、基本养老保险参保人数、每万人拥有公共厕所数量、宜居社区（四星级及以上）比例7项指标。图4-11和图4-12分别为深圳市及各行政区居民生活指数变化和各年度排名情况。

由图4-12可知，2019年深圳各行政区的居民生活指数均出现大幅度下降，从排名第一位的福田区到排名末位的龙岗区呈现阶梯式下降趋势。与2018年排名的相同之处是：福田区、南山区、盐田区的居民生活指数依然位列前五位，坪山区和大鹏新区依然排名最后三位。总体上，成立较晚的行政区域（光明区、坪山区、龙华区、大鹏新区）居民生活指数相对较低，福田区、南山区居民生活指数得分较高，不仅高于全市平均水平，也与其他区域拉开了较大差距。

从2019年各行政区居民生活指数对应的具体指标数据来看（表4-11），南山区与福田区的恩格尔系数仅略高于26.00%，明显低于全市水平（29.40%），大鹏新区和光明区的恩格尔系数相对较高，分别

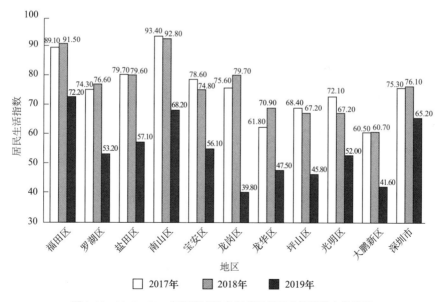

图4-11　2017—2019年深圳市及各行政区居民生活指数变化情况

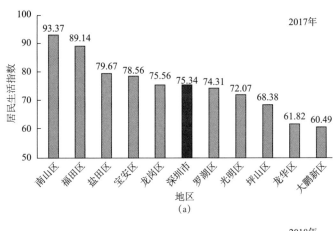

（a）

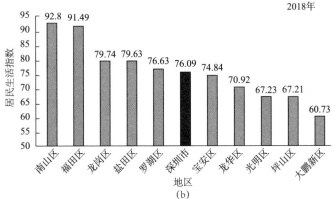

（b）

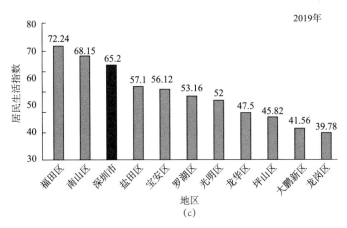

（c）

图4-12　2017—2019年各年度深圳市及各行政区居民生活指数排名

为36.20%和34.60%。福田区和南山区的社会事业和民生支出占财政支出比重也相对较高，分别为91.25%和89.94%，而盐田区和大鹏新区这一指标值仅分别87.23%和87.24%。从居民收入来看，福田区和南山区的城镇居民人均可支配收入分别为8.12万元和7.93万元，其余行政区中与之差距最大的大鹏新区这一指标值仅为4.22万元，在收入水平上有着近两倍的差距。在公厕建设方面，大鹏新区和盐田区有着更多数量的公共厕所，每万人分别达到7.25个和5.64个，其余行政区的这一指标水平与之差距较大，因此显著高于全市水平（2.65个）。福田区、南山区每万人拥有公共厕所数量均低于4个，龙华区这一指标值仅不足2个，宝安区为2.18个。从宜居社区建设情况来看，达到四星级及以上评级的社区数量占社区总数较高的行政（新）区为坪山区、光明区、盐田区和大鹏新区，均已达到100%；其次为宝安区、南山区和龙华区，宜居社区比例相对较低的龙岗区为92.79%。

4.3.3　深圳市宜居进步指数测算及分析

引入宜居发展（进步）指数理念，用以反映深圳市历年总体宜居城市建设以及各方面的发展进步情况。具体的测评方法采用定基指数方法，参照居民消费价格指数（CPI）的计算方式，基期宜居进步指数设定为100，即深圳市及下辖行政区以2017年作为基期。

4.3.3.1　深圳市2016年和2019年宜居进步指数测算

（1）宜居进步指数测算方法

深圳市宜居发展指数测算公式如下：

$$CLDI=100+\sum_{i=1}^{n} R_i \times W_i \times 100 \qquad (4-6)$$

式中：CLDI（City Livable Development Index）——城市宜居发展指数；

W_i——n项指标中第i项指标所对应的权重；

R_i——n项指标中第i项指标报告期与基期相比的增长率；

正向指标增长率=（报告期指标统计值－基期统计值）/基期统计值×100%；

逆向指标增长率=－（报告期指标统计值－基期统计值）/基期统计值×100%；

当基期指标值为0或过于接近0时，采用其他方法测度以使可比。

（2）2016年和2019年深圳市宜居进步指数测算结果

根据2016年和2019年深圳市宜居指标统计值（表4-10和表4-11），结合上述宜居进步指数测算方法，测算得出2016年和2019年深圳市宜居进步指数及分项进步指数，计算结果如表4-12和图4-13所示。

2016年和2019年宜居进步指数运行趋势如图4-13所示。

整体看来，2019年与基期年相比，深圳市综合宜居进步指数明显提升。全市社会发展、经济发展、居民生活均呈现不同幅度的上升趋势，生态环境进步指数则略有下降。其中，进步较为明显的是社会发展指数，进步幅度为29.03%，其次为经济发展进步指数和居民生活进步指数，进步幅度均为13.83%，生态环境进步指数下降幅度为5.2%。

从社会发展指数各项指标数据变化情况来看，与基期相比，除了交通运行指数外，其余指标数据均呈现显著改善：深圳市百人治安和刑事警情数从2.39起降至1.1起，下降54.0%。人均避难场所面积从0.88m²上升至1.44m²，上升幅度高达64.0%。人均教育经费支出从4 457.43元上升至7 600.83元，增长70%。普惠性幼儿园覆盖

表4-10　2016年深圳市及各行政区宜居指数指标原始数据

序号	指标名称	单位	福田区	罗湖区	盐田区	南山区	宝安区	龙岗区	龙华区	坪山区	光明区	大鹏新区	深圳市
1	区域环境噪声平均值	dB	56.20	55.40	55.50	56.80	57.40	56.70	56.80	57.20	57.50	54.60	56.90
2	空气质量优良天数比例	%	95.80	96.70	98.60	93.20	87.10	89.80	85.10	95.90	89.80	97.50	96.72
3	建成区绿化覆盖率	%	43.00	64.50	45.53	46.70	46.80	35.20	42.60	47.30	36.00	55.30	45.10
4	城市人均公园绿地面积	m²	22.52	16.94	23.96	16.98	15.81	17.10	15.46	22.48	18.98	15.00	16.45
5	百人治安和刑事警情数	起/百人	1.10	2.20	0.30	0.87	1.14	2.61	1.66	1.49	0.14	0.25	2.39
6	人均避难场所面积	m²	0.52	1.03	0.69	1.19	0.26	0.50	0.20	2.87	0.38	1.48	0.88
7	人均教育经费支出	元	3 263.45	3 464.77	4 872.27	4 028.64	2 692.96	3 356.17	2 181.12	3 457.15	3 452.64	5 054.93	4 475.43
8	普惠性幼儿园覆盖率	%	70.90	83.60	96.20	76.10	71.00	64.20	61.70	77.80	68.10	86.00	70.20
9	万人拥有医生数	人	46.20	58.30	21.90	24.40	19.50	25.90	17.70	10.30	17.50	15.80	25.00
10	每千人拥有卫生机构病床数	张/千人	6.40	6.29	3.05	2.51	2.60	3.72	1.72	3.00	2.57	2.36	3.49

续表

序号	指标名称	单位	福田区	罗湖区	盐田区	南山区	宝安区	龙岗区	龙华区	坪山区	光明区	大鹏新区	深圳市
11	道路交通运行指数（高峰时段）	—	4.10	4.50	1.90	3.60	3.20	3.60	4.10	2.50	3.00	0.90	3.60
12	人均拥有公共文化设施面积	m²	0.28	0.16	0.16	0.22	0.06	0.08	0.03	0.03	0.05	0.29	0.12
13	每万人拥有公共图书馆、文化馆、博物馆数量	个	1.45	1.87	1.78	1.47	0.56	0.69	0.46	0.44	1.11	3.05	0.98
14	公共文明指数	—	88.12	88.10	88.96	86.80	85.54	85.01	86.29	84.61	83.43	86.62	86.60
15	人均GDP	万元	24.18	19.93	24.02	29.03	10.45	16.54	12.13	13.25	13.30	22.24	17.25
16	万人有效发明专利拥有量	件	56.20	11.30	27.50	304.40	16.70	120.70	40.00	64.30	50.00	94.90	80.10
17	第二产业增加值占GDP比重	%	6.40	3.80	15.90	39.90	51.40	68.00	47.80	66.40	69.60	58.70	41.40
18	第三产业增加值占GDP比重	%	93.60	92.40	84.10	60.00	48.60	32.00	52.20	33.40	30.20	41.10	58.60
19	恩格尔系数	%	26.80	29.80	30.10	26.30	31.80	32.10	33.00	37.60	37.20	38.50	30.50
20	社会事业和民生支出占财政预算支出比重	%	77.24	77.60	75.16	69.66	65.12	58.87	68.76	53.17	63.60	43.58	74.09
21	城镇居民人均可支配收入	元	63 956	51 506	49 092	63 097	44 400	42 761	31 627	41 351	40 528	32 825	48 695

续表

序号	指标名称	单位	福田区	罗湖区	盐田区	南山区	宝安区	龙岗区	龙华区	坪山区	光明区	大鹏新区	深圳市
22	基本医疗保险参保人数	人	283.93	88.84	18.73	178.67	266.06	194.50	128.69	37.64	57.09	14.93	1 291.80
23	基本养老保险参保人数	人	275.74	73.46	14.86	161.06	189.96	131.65	104.79	26.38	39.71	12.03	1 029.63
24	每万人拥有公共厕所数量	个	0.29	0.48	1.77	1.31	0.65	0.63	0.70	0.96	2.10	4.05	2.81
25	宜居社区比例	%	89.40	85.50	100.00	88.00	84.80	78.90	100.00	95.70	67.90	100.00	86.60

数据来源：根据历年深圳市各职能部门提供数据。

表4-11　2019年深圳市及各区宜居指标数据原始数据

序号	指标名称	单位	福田区	罗湖区	盐田区	南山区	宝安区	龙岗区	龙华区	坪山区	光明区	大鹏新区	深圳市
1	区域环境噪声平均值	dB	56.00	53.90	55.50	56.20	58.70	57.40	55.50	58.10	58.70	55.60	57.20
2	空气质量优良天数比例	%	88.10	87.30	94.50	86.60	85.90	96.40	83.00	95.30	75.20	90.70	91.00
3	建成区绿化覆盖率	%	41.63	61.00	40.87	45.31	40.21	43.84	43.03	57.62	48.53	85.75	43.40
4	城市人均公园绿地面积	m²	9.72	17.00	21.09	16.21	16.81	19.33	15.65	16.96	30.85	29.27	14.94
5	百人治安和刑事警情数	起/百人	0.84	1.57	0.66	1.12	1.09	1.05	1.10	0.69	1.37	0.64	1.10

续表

序号	指标名称	单位	福田区	罗湖区	盐田区	南山区	宝安区	龙岗区	龙华区	坪山区	光明区	大鹏新区	深圳市
6	人均避难场所面积	m²	0.53	1.21	0.97	1.00	1.27	0.43	2.10	2.88	0.83	2.80	1.44
7	人均教育经费支出	元	5 805.09	5 874.58	7 124.96	6 420.28	4 502.88	5 170.80	4 070.10	8 562.92	6 055.56	7 065.30	7 600.83
8	普惠性幼儿园覆盖率	%	82.00	81.60	98.00	76.20	75.80	86.30	89.10	82.50	89.10	92.70	82.90
9	万人拥有医生数	人	47.70	43.10	28.50	37.40	22.00	28.90	15.80	30.10	34.70	24.80	30.20
10	每千人拥有卫生机构病床数	张/千人	5.64	5.63	2.75	4.16	2.66	4.17	2.07	6.55	3.78	2.94	3.83
11	道路交通运行指数（高峰时段）	—	4.70	5.70	2.00	4.50	3.30	3.60	4.40	2.30	2.80	1.20	4.00
12	人均拥有公共文化设施面积	m²	0.31	0.19	0.23	0.27	0.13	0.13	0.11	0.10	0.12	0.14	0.17
13	每万人拥有公共图书馆、文化馆、博物馆数量	个	1.32	1.96	2.18	1.38	0.73	0.96	0.62	0.82	1.11	3.41	1.09
14	公共文明指数	—	87.98	88.18	90.21	87.31	84.29	87.525	86.085	85.865	85.23	87.80	87.23
15	人均GDP	万元	27.58	22.80	26.99	40.16	11.68	19.15	14.86	16.74	15.91	22.59	20.35

续表

序号	指标名称	单位	福田区	罗湖区	盐田区	南山区	宝安区	龙岗区	龙华区	坪山区	光明区	大鹏新区	深圳市
16	万人有效发明专利拥有量	件	91.40	17.10	38.30	383.50	28.60	130.20	37.70	94.20	98.00	115.30	103.10
17	第二产业增加值占GDP比重	%	8.50	7.20	12.70	33.60	48.20	71.70	47.80	61.70	67.50	59.10	39.00
18	第三产业增加值占GDP比重	%	91.40	92.70	87.30	66.40	51.80	28.30	52.20	38.20	32.30	40.60	60.90
19	恩格尔系数	%	26.30	29.00	29.20	26.20	30.00	30.20	30.20	34.30	34.60	36.20	29.40
20	社会事业和民生支出占财政预算支出比重	%	91.25	91.38	87.23	89.94	90.52	86.59	87.91	88.95	92.31	87.24	85.58
21	城镇居民人均可支配收入	元	81 247.80	65 817.90	62 398.00	79 302.30	57 341.40	54 871.70	55 624.70	53 747.40	51 292.80	42 244.70	62 522.40
22	基本医疗保险参保人数	人	327.34	101.11	19.55	222.52	309.87	247.78	159.55	42.36	66.21	15.46	1 536.59
23	基本养老保险参保人数	人	302.46	81.46	15.28	192.17	231.02	174.07	125.40	31.11	47.66	14.08	1 214.71
24	每万人拥有公共厕所数量	个	2.50	3.36	5.64	2.60	2.18	2.81	1.72	3.00	3.95	7.25	2.65
25	宜居社区比例	%	97.90	92.90	100.00	98.10	98.40	92.80	98.00	100.00	100.00	100.00	96.80

数据来源：根据历年深圳市各职能部门提供数据。

表4-12　2016年和2019年深圳市宜居进步指数结果（以2016年为基期）

分项宜居进步指数 （2016年=100）	生态环境 进步指数	社会发展 进步指数	经济发展 进步指数	居民生活 进步指数	综合宜居 进步指数
2016年	100	100	100	100	100
2019年	94.80	129.03	113.83	113.83	114.59

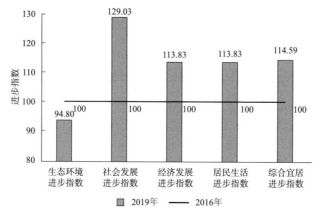

图4-13　2019年深圳市宜居进步指数变化趋势（以2016年为基期）

率从70.2%上升至82.9%，人均拥有公共文化设施面积从0.116m²上升至0.168m²，增长46.0%。每万人拥有公共图书馆、文化馆、博物馆数量从0.982个上升至1.089个。与以上各项指标均向好的情况不同的是，高峰时段道路交通运行指数从3.6上升至4.0，表明总体上自2016年以来，道路交通拥堵程度有增无减（表4-10和表4-11）。

从经济发展指数各项指标数据变化情况来看，与基期相比，人均GDP从17.25万元增长至20.35万元，增长18.0%。增长最为明显的指标为万人有效发明专利拥有量，从80.1件增长至103.1件，增长29.0%，标志深圳市创新能力相较于"十三五"初期有了大幅度提升。全市第三产业产值占GDP比重从58.6%增长至60.9%，表明深圳市产业结构转型也在稳步进行中（表4-10和表4-11）。

从居民生活指数各项指标数据变化情况来看，与基期相比，除了每万人拥有公共厕所数量有所下降外，其余指标数据均呈现不同程度的向好趋势。全市恩格尔系数从30.5%下降至29.4%，社会事业和民生支出占财政预算支出比重增长16.0%，城镇居民人均可支配收入增长28.0%，宜居社区比例增长12.0%（表4-10和表4-11）。

需要注意的是，深圳市生态环境进步指数呈现小幅度下降趋势。总体上环境噪声并未有效改善，空气质量呈现下降的趋势，绿化覆盖水平也有所下降。具体来看，空气质量优良比例从96.72%下降至91.0%，建成区绿化覆盖率从45.1%下降至43.4%，城市人均公园绿地面积从16.45m^{2}下降至14.94m^2（表4-10和表4-11）。

4.3.3.2　各行政区2019年宜居进步指数测算

参照前述深圳市进步指数测算公式，以2016年为基期计算得出2019年各行政（新）区宜居进步指数和分项进步指数，如表4-13所示。

表4-13　各行政区2019年进步指数（以2016年为基期）

宜居进步指数		福田区	罗湖区	盐田区	南山区	宝安区	龙岗区	龙华区	坪山区	光明区	大鹏新区
2016年		100.00	100.00	100.00	100.00	100.00	100.00	100.00	100.00	100.00	100.00
2019年	综合指数	128.54	121.89	113.07	117.37	131.54	128.19	145.65	144.8	109.43	118.28
	生态环境	81.85	96.44	93.17	96.19	97.50	111.18	100.28	98.12	119.46	135.69
	社会发展	112.59	107.40	105.33	119.13	149.20	127.58	209.34	192.53	66.36	102.39
	经济发展	109.06	93.22	118.22	123.02	122.47	101.86	104.90	123.07	129.49	104.79
	居民生活	188.60	172.46	130.65	125.97	142.60	157.68	139.38	142.69	132.45	131.56

从图4-14可以看出，2019年，龙华区、坪山区、宝安区综合宜居进步指数分别位列十个行政区第一名、第二名和第三名，且与其他行政区进步指数拉开较大差距，南山区、盐田区和光明区宜居进步指数则位列后三位。宝安区、福田区、龙岗区三个行政区的综合宜居进步指数较2016基准年均有较明显的提升。

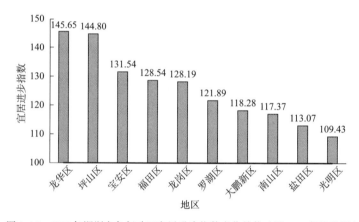

图4-14 2019年深圳市各行政区宜居进步指数变化趋势（以2016年为基期）

（1）各行政区经济发展进步指数

2019年，光明区、坪山区、南山区、宝安区经济发展进步指数分别位列十个行政区前四位，大鹏新区、龙岗区和罗湖区经济发展进步指数则位列后三位。从图4-15也可以看出，从经济发展情况来看，光明区、坪山区、南山区、宝安区、盐田区自2016年以来，经济发展进步较大，而福田区、龙华区、大鹏新区、龙岗区和罗湖区经济发展进步幅度相对较小。

此外，深圳市不同区域之间创新能力两极分化的趋势非常明显，2019年，南山区万人有效发明专利拥有量高达383.5件，且近几年呈现稳步增长的趋势。排名第二的龙岗区该指标值为130.2件，较2016年变

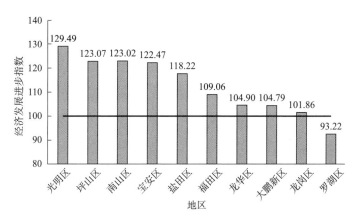

图4-15 2019年深圳市各行政区经济发展进步指数排名

化并不十分明显。其余各区只有大鹏新区万人有效发明专利拥有量在全市平均水平（103.1件）之上。盐田区、龙华区、宝安区、罗湖区从总量和增速上看，均没有明显增长的趋势，其中龙华区更是呈现微弱下降的趋势（表4-10和表4-11）。

（2）各行政区生态环境进步指数

从生态环境情况来看大鹏新区、光明区、龙岗区、龙华区自2016年以来，生态环境进步幅度较大，而罗湖区、南山区、盐田区和福田区生态环境进步幅度相对较小（图4-16）。

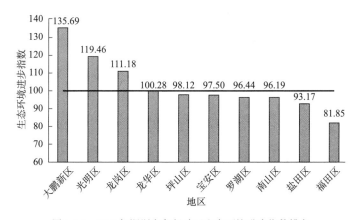

图4-16 2019年深圳市各行政区生态环境进步指数排名

（3）各行政区社会发展进步指数

从社会发展情况来看，龙华区、坪山区、宝安区和龙岗区自2016年以来，社会发展进步幅度较大，而罗湖区、盐田区、大鹏新区和光明区社会发展进步幅度相对较小（图4-17）。

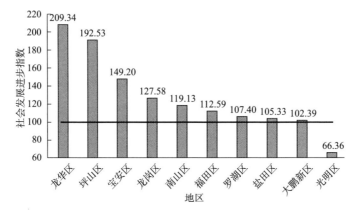

图4-17　2019年深圳市各行政区社会发展进步指数排名

（4）各行政区居民生活进步指数

从居民生活情况来看，福田区、罗湖区和龙岗区自2016年以来，居民生活进步幅度较大，而大鹏新区、盐田区和南山区居民生活进步幅度相对较小（图4-18）。

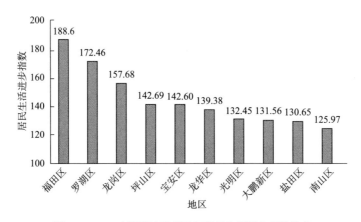

图4-18　2019年深圳市各行政区居民生活进步指数排名

4.3.4　深圳市宜居指数建议

4.3.4.1　福田区：加快高水平公共文化服务体系建设，树立"民生幸福标杆"

近年来，在经济下行压力大的背景下，福田区经济发展依然稳中向好，且重视发展质量的提升，其万元GDP建设用地、水耗、电耗均远低于全市平均水平。福田区坚持以民生事业为重，持续加大民生投入，文体事业蓬勃发展，其人均拥有文公文化设施面积在10个行政区中最高。不断推动健康福田建设，推进中大八院、区妇保院、肛肠医院等医院项目建成使用，引进先进医疗资源，成立福田区医疗健康集团。每千人拥有卫生机构病床数达到5.64张，在10个区中处于较高水平，万人拥有医生数达到47.7名，位列10个区第一，全区健康素养水平连续五年排名全市第一。

加快建设高水平教育服务体系。福田区人均教育经费支出为5 805.09元，与坪山区8 562.92元、盐田区7 124.96元、南山区6 420.28元都有一定差距。普惠性幼儿园覆盖率为82.0%，在10个区中处于相对较低的水平。福田区应进一步加大教育事业投入，推进学校新改扩建，加快解决学位缺口，推进10所高标准永久学校建设。加快推进深圳大学帕森斯设计学院、清华大学经管学院深圳院区落户，多渠道扩充学前教育资源，持续提高公办幼儿园和普惠性民办幼儿园在园儿童数量占比。

加快美丽福田、美好城区建设，为建成"可持续发展先锋"彰显福田作为。福田区空气质量优良天数比例不足90%，建成区绿化覆盖率较低，城市人均公园绿地面积仅为9.72m^2，在10个区中相对较低。福田区应持续加大大气污染防治力度，改善辖区空气质量。同时通过加快开展立面绿化美化工程，提高绿化覆盖率，加快出台公园城区规划，推进新建和改造一批精品公园落地，推动城区景观精品化，助力建设美好城区。

4.3.4.2 罗湖区：加快提升创新能力，为经济发展提供动能

罗湖区经济保持平稳健康发展态势，2019年人均GDP达到22.80万元。在保持经济稳定增长的同时，注重经济质量效益的提升。2019年每平方公里GDP产出30.35亿元，万元GDP建设用地、水耗、电耗分别下降了6.10%、7.80%、1.90%。罗湖区作为首先发展起来的老城区，其医疗、文化等公共资源具有基础性优势，万人拥有医生数为43.1个，每千人拥有卫生机构床位数为5.63张，人均拥有公共文化设施面积为0.19m²，在10个区中位列第四。

加快提升创新能力，为经济发展提供动能。从罗湖区的经济发展进步指数来看，其进步程度在10个区中相对落后。2019年，罗湖区万人有效发明专利拥有量为17.1件，远低于全市的平均水平（103.10件）。罗湖区应充分发挥中国版权保护中心粤港澳版权登记大厅、中国珠宝知识产权综合服务中心等平台优势，推动产业集聚，加快培育具有核心竞争力的总部企业集群，引进优质项目，加快打造人工智能产业基地，健全企业服务体系，全方位营造一流营商环境，促进区域创新发展，提高区域经济竞争力。

促教育，补短板，改善民生。罗湖区人均教育经费支出相对较低，且普惠性幼儿园覆盖率仅为81.60%，低于盐田区、龙岗区、龙华区、坪山区、光明区、大鹏新区等原关外地区。罗湖区应持续扩大教育规模，加快推进莲塘片区和红岭片区两所高科技预制学校、梧桐小学、

红桂小学等新改扩建学校建设，扩充学位资源，缓解学位紧张。同时，推进政府产权园转型公办幼儿园，提高普惠性幼儿园比例。

增强城区交通畅达性。罗湖区道路交通运行指数为5.7，在10个区中最高，该指数越高，表明高峰期道路拥堵情况越严重。罗湖区应着力交通规划和布局，加快推进道路新建、续建和改造，加快优化道路网，形成高效、便捷的城区路网体系。加大对重点路段、时段和区域的交通乱象整治力度，规范电单车管理，加快建设智慧交通体系，营造安全、高效、便捷的出行环境。

4.3.4.3　南山区：进一步扩大公共服务供给，增进民生福祉

近年来，南山区创新能力突出，高质量发展动力强劲。2019年南山区人均GDP高达40.16万元，万人有效发明专利拥有量高达383.50件，是全国水平的30多倍，国家科学技术奖占全市数量的一半。PCT国际专利申请量约占全国1/8。战略性新兴产业增加值占GDP比重达60%左右，人工智能企业有300多家，约占全市一半。粤港澳大湾区集成电路设计创新公共平台开启运营，全区建成5G基站1 832个，实现重点区域5G网络全覆盖。获评第三批国家文化和科技融合示范基地，是全省唯一集聚类项目。

加大学前教育办学力度，增进民生福祉。2019年，南山区普惠性幼儿园覆盖率仅为76.20%，在10个区中位列第九。南山区应加快推动学前教育办学力度，加强幼师队伍建设，优化学位布局，持续提升公办及普惠性幼儿园在园儿童比例。

持续提升辖区空气质量，优化绿化环境。2019年，南山区空气质量优良率为86.60%，低于全市91.0%的水平，仅高于宝安区、龙华区

和光明区。人均公园绿地面积为$16.21m^2$，仅高于福田区和龙华区。南山区应加快探索绿色发展体系，加大力度治理餐饮油烟、道路扬尘、工业废气等大气污染，改善空气质量。同时，加快改造荔香、大南山、蛇口山等公园，提升生态公园和城区功能品质。加快建设花园路口和碧道，优化辖区绿化环境。

4.3.4.4　盐田区、大鹏新区：充分释放经济增长新潜能，提高居民收入水平

盐田区和大鹏新区坚持生态立区，不断推动绿色发展方式和生活方式的加快形成，持续推动城区品质提升。盐田区和大鹏新区2019年空气质量优良天数比例分别为94.50%、90.70%，城市人均公园绿地面积分别为$21.09m^2$、$29.27m^2$，宜居社区占比均达到100%。同时，通过开展群众性精神文明创建活动，辖区文明水平不断提升。两区有着较高的治安水平，2019年两区百人治安和刑事警情数分别为0.66起、0.64起，远低于全市平均水平（1.1起），是10个区中百人治安和形式警情数最低的两个区。盐田区和大鹏新区对教育的重视首先体现在对教育的投入上，两区人均教育经费支出分别为7 124.96元和7 065.30元，在10个区中仅次于坪山区。普惠性幼儿园覆盖率分别为98.00%、92.70%，远高于全市的平均水平82.90%，为10个区中普惠性幼儿园覆盖率最高的两个区。

进一步促进创新要素和产业集聚，激发创新能力，充分释放经济发展活力，提高居民收入水平。大鹏新区居民人均可支配收入仅为4.22万元，恩格尔系数为36.2%，居民对食品的支出在消费结构中占比仍然较高。盐田区万人有效发明专利拥有量为38.3件，远低于全市平均水

平103.1件。盐田区和大鹏新区应依托文旅资源以及各自产业优势，进一步发挥辖区内现有优质企业的引领作用，培育各类创新载体，吸引高新技术企业集聚，加快新旧动能转换，为经济发展注入新活力。

加快完善医疗卫生服务体系。从万人拥有医生数量和每千人卫生机构床位数来看，大鹏新区和盐田区医疗卫生资源相对欠缺。两区万人拥有医生数分别为28.50个、24.80个，低于全市平均水平30.2个；每千人拥有卫生机构床位数分别为2.75张、2.94张，与全市平均水平3.83张也有明显的差距。盐田区应加快推进辖区内三甲医院建设，强化专科医院建设，加快深化与知名医院合作；大鹏新区应加快推进健康集团"12个一体化"，加快大鹏医院、新区妇幼保健院、新区疾病预防控制中心、南澳人民医院医养结合等重点项目建设，引进优质医疗资源，完善三级诊疗体系。

4.3.4.5　宝安区、龙华区：充分激发经济发展潜能，加快提升城区功能品质

加大研发支持力度，增强企业创新能力。相对而言，宝安区和龙华区的科技创新能力依然薄弱，区域经济对个别企业依赖程度高。2019年两区的万人有效发明专利申请量分别为28.60件和37.70件，辖区内企业整体研发能力不高。未来，两区应加快弥补基础研究短板，着力构建基础研究机构，加大力度支持企业研发创新，整合辖区内政府、企业、高校和科研院所等多方资源，推进创新创业载体建设和科技人才集聚，促进科技成果转换，从而为加快构建现代化产业体系，增强经济发展活力提供新动能。

深入推进生态文明建设，提升城区功能品质。龙华区和宝安区

2019年的空气质量优良率分别为83.00%、85.90%，在全市10个区中处于较低水平。宝安区2019年的区域环境噪声均值为58.70，为10个区中最高。两区的建成区绿化覆盖率水平也相对较低。同时，龙华区和宝安区在城区环境方面存在类似的问题：历史遗留违法建筑较多，噪声和施工扰民，环境卫生指数排名全市靠后，城市功能、市容市貌、生态品质离现代化国际化的要求还存在明显差距。两区应从提高城区规划水平着手，着力优化区域空间结构布局。通过加快推进城中村城市治理，完善垃圾分类体系，升级改造生活垃圾收集运输系统，提升城区市容环境。加大力度从源头治理大气污染，整治重点片区扬尘污染，推广使用清洁能源，加强相关基础设施建设，助力"深圳蓝"行动。

扩大公共资源供给，加快弥补民生事业短板。宝安区和龙华区同时存在住房、教育和医疗资源缺口大的问题。两区优质教育、医疗资源供给不足，学校建设进度相对滞后，从而导致学位缺口较大，高水平医院和重点专科缺乏。两区的人均教育经费分别为4 502.88元、4 070.10元，为10个区中人均教育经费相对较低的两个行政区，宝安区2019年的普惠性幼儿园覆盖率仅为75.80%，在10个区中最低。两区应加大教育经费投入，通过转型、回收、扩班等多种路径扩大公办园或普惠性幼儿园覆盖率，加快建设新改扩建学校项目，吸引更多优质教育资源，全方位扩大学位资源供给。宝安区和龙华区万人拥有医生数、每千人拥有卫生机构床位数均处于全市较低水平，两区应同时加快新改扩建医院项目进度，引进优质医学团队、医学人才和现代医疗管理制度，构建更加完善的医疗卫生服务体系。

4.3.4.6　龙岗区：积极营造优质城区环境，加快推进公共服务设施建设

生态环境持续优化，城区面貌显著改善。2019年，龙岗区空气质量优良天数比例为96.40%，在10个区中最高。$PM_{2.5}$平均浓度从27.30μg/m³下降至26.90μg/m³。万元GDP能耗、水耗分别下降4.30%、5.30%。龙岗区积极出台生活垃圾强制分类两年行动方案，分类减量生活垃圾23万t，为全市最多。治水投资162亿元，水污染治理投入力度为全市最大。同时通过新建、改造公园、公厕等，城区面貌显著改善。

创新能力持续提升，创新环境不断优化。近年来，龙岗区通过出台加强科技创新能力的若干措施，加快创新服务载体建设和创新资源集聚，创新能力稳步增强。2019年万人有效发明专利拥有量达到130.20件，仅次于南山区。PCT国家专利申请量占全市1/3，跻身"中国创新百强区"行列，为经济实力的提升奠定了良好的基础。2019年，龙岗区经济增长7.75%，高新技术产业产值增长约155，占工业总产值的82.40%。

巩固水环境质量，全面营造优质城区环境。龙岗区水环境质量巩固提升任务仍然艰巨，城区容貌仍待改进。目前，龙岗区持续加大水环境治理投入力度的同时，应加快推进龙岗河、丁山河景观提升工程，加快碧道和雪象体育公园、平湖生态园、低碳城公园、区儿童公园等公园和花园项目建设。加快实施城中村综合治理和公厕改造，全面营造优质城区环境。

优化公共服务供给，加强基础设施建设。2019年，龙岗区万人拥有医生数为28.9个，低于全市平均水平（30.20个）。龙岗区目前拥有较

多正在推进的医院项目，如市吉华医院、耳鼻喉医院重建项目，以及22个公立医院和14个社康中心建设项目，同时香港中文大学（深圳）医学院、附属医院也在建设中，未来医疗资源供给将明显提升。2019年，龙岗区人均拥有公共文化设施面积为 $0.127m^2$，低于全市平均水平（ $0.17m^2$ ）。龙岗区目前正在大力推进文体惠民，正在筹建深圳市第二音乐厅和乒乓球国家队训练基地，同时加快建设布吉街道、宝龙街道、横岗街道等基层文体中心。同时，龙岗区力争创建全市首个"全民阅读之区"，新增6个以上图书馆分馆。

4.3.4.7 坪山区、光明区：促进经济总量提升，提升城区人居品质

持续优化生态环境质量，提升城区人居品质。2019年，坪山区和光明区宜居社区比例均达到100%，坪山区空气质量优良率高达95.30%，在10个区中仅次于龙岗区。而光明区空气质量优良率仅为75.20%，大气质量亟需提升。坪山区和光明区区域环境噪声均值分别为58.10dB和58.70dB，均高于全市平均水平（57.20dB），表明两区声环境质量也有待提升。坪山区人均公园绿地面积为 $16.96m^2$，而光明区高达 $30.85m^2$，为10个区最高，且约为全市平均水平（ $14.94m^2$ ）的两倍。总体来看，和其他区对比，坪山区和光明区生态环境质量相对较好，但也均存在有待改进之处。坪山区应加快森林城区建设，持续优化提升马峦山郊野公园，加速推进马峦山—田头山生态绿廊建设，加快打造"全域自然博物馆"。加快推进金牛公园等新建、改造公园，公园绿道、花漾街区、花园路口等项目建设，加速推进废弃石场、裸土复绿。光明区应加大力度落实"深圳蓝"行动，利用环境空气监测数据异常预警机制和响应机制，规范治理辖区内重点废气排放，进一步

降低$PM_{2.5}$浓度，全面改善大气环境。

增强创新动能，激发经济总量提升。2019年，坪山区和光明区万人有效发明专利拥有量分别为98.0件和94.2件，与全市平均水平（103.1件）差距较小，仅次于南山区、龙岗区和大鹏新区。两区2019年人均GDP分别为16.74万元和15.91万元，在10个区中处于落后的位置，同时两区恩格尔系数较高，人均可支配收入也相对较低。光明区目前科学城规划体系初具雏形，创新链条持续完善，且正在筹建国家超级计算深圳中心二期、光明科学城大数据中心项目，未来深圳湾实验室、人工智能与数字经济广东省实验室（深圳）将落户光明区，在科技创新服务基础设施不断完善的同时，光明区应加快完善配套政策体系，加大高层次人才引进力度，继续推动企业创新，全面增强经济发展动能，扩大经济规模。坪山区也应积极布局科技产业创新项目，加快建设北理工深圳汽车研究院、深圳湾实验室坪山转化中心、5家市级以上创新平台，发挥深圳技术大学作用，不断引进高层次人才。加快建设生物医药科技产业城和未来产业试验区，完善相关配套政策体系和相应的公共服务平台，加大研发投入力度，推动相应的基础设施建设，全面优化产业发展环境，从而为经济增长注入动力。

第 5 章

生态人居建设实践

5.1 近零碳排放社区模式研究

2021年11月，深圳市生态环境局联合深圳市发改委印发《深圳市近零碳排放区试点建设实施方案》。"近零碳"试点建设对于全面深化各类低碳试点示范，进一步促进城市绿色低碳发展，助力深圳以先行示范标准实现碳达峰碳中和目标有着重要战略意义。社区作为社会治理的最小单元，"近零碳排放社区"创建是城市推进"双碳"工作，推动低碳发展模式的一个重要抓手。近零碳排放社区将以社区人均碳排放量和碳排放总量稳步下降为主要目标，着力发展绿色建筑、超低能耗建筑等节能低碳建筑，提供多层次绿化空间，建设慢性道路，利用碳普惠机制与各类宣传活动提升居民低碳意识，倡导绿色生活。研究通过选取大梅沙、小梅沙社区分析其碳排放现状及低碳发展水平，针对性提出近零碳排放实施路径，对同类型社区打造近零碳排放区试点提供了重要的参考价值。

5.1.1 大梅沙近零碳排放社区模式

梅沙街道于2017年入选广东省首批"森林小镇"，2018年成为全国"最美森林小镇100例"001号，是全国首例被集中展示和宣传推广的生态旅游型"森林小镇"，2019年荣获"广东十大绿美森林小镇"。大梅沙社区利用社区环境、资源、基础设施等方面的优势，开展大梅沙村天然气改造入户、打造大梅沙滨海文旅艺术小镇、普及生活垃圾分类收集率达100%、策划低碳宣传教育活动、推广居民绿色生活方式等各项绿色减排工作，积极探索具有社区特色的生态优先、绿色低碳高质量发展道路。同时，针对社区内水、电、气、交通、生活垃圾及居住环境等居民生活涉及的各领域组织开展现状摸底调研，率先获取碳排放核算统计数据基础，为开展近零碳排放社区试点奠定了扎实的创建基础。2020年社区净碳排放总量4 200多吨，人均净碳排放0.68tCO$_2$/（人·年）。

　　大梅沙社区坚持绿色新发展理念引领，坚持"因地制宜、综合施策"的原则，以减少碳排放、增加碳汇为主要路径，从社区碳排放管理、物业碳排放管理、公众参与等方面建立大梅沙社区近零碳社区管理体系，共同推动"近零碳社区"试点建设。2021年12月，大梅沙被确定为深圳市首批近零碳社区创建单位。其近零碳排放社区共有九条路径模式（图5-1）。

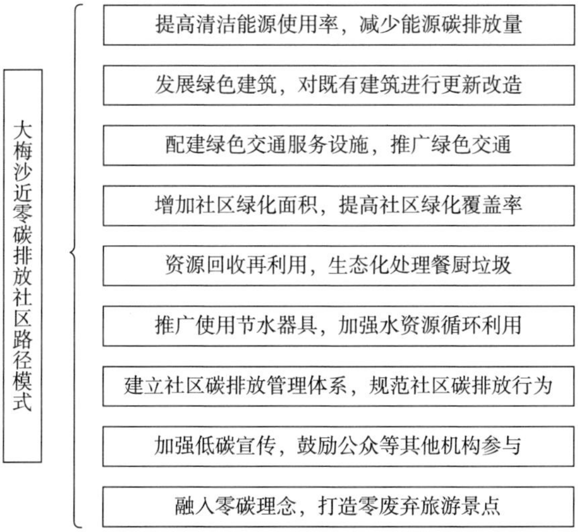

图5-1　大梅沙近零碳排放社区路径模式

5.1.1.1　提高清洁能源使用率，减少能源碳排放量

在社区积极推广使用太阳能、风能、生物能等清洁能源，提高可再生能源消费比重。在住宅建筑或公共建筑使用太阳能光伏发电装置，优先供电给自有建筑使用，剩余电力可反向输送给国家电网。鼓励居民使用太阳能电热水器或空气能电热水器，替代普通电热水器。将高能效设备替换低能效设备，鼓励居民使用一级节能家电，将低能耗的白炽灯替换为节能灯管。

5.1.1.2　发展绿色建筑，对既有建筑进行更新改造

社区范围内新建建筑需按照绿色建筑标准建设，使用低碳技术材料和绿色技术手段，控制建筑物全生命周期的碳排放量。针对既有建筑，优先对政府物业、公共建筑等进行更新改造，对建筑物的用能和用水进行能效升级，使用清洁能源、高效能源设备等，以及对建筑楼宇智能化管控，提高建筑能源使用效率，加强建筑运营阶段的碳排放管理。

5.1.1.3　配建绿色交通服务设施，推广绿色交通

推广社区居民使用公共交通出行，通过资金补贴、费用减免、碳币奖励积分等方式鼓励居民购买新能源汽车，替代高能耗的燃油汽车。

5.1.1.4　增加社区绿化面积，提高社区绿化覆盖率

结合大梅沙滨海生物多样性特色，着力加强社区内多层次绿化空间；灵活运用社区内居住建筑、学校等公共建筑空间，增加屋顶绿化

或垂直绿化；增加社区公共绿地，在道路两旁合理设计绿廊，充分利用社区土地建设口袋公园，对有裸露的土地进行覆绿；号召居民积极参与，建设社区花园。

5.1.1.5 资源回收再利用，生态化处理餐厨垃圾

积极开展资源回收利用工作，推广万科中心黑水虻厨余垃圾处理模式和堆肥处理模式，就地生态化处理餐厨垃圾。引入餐厨垃圾处理的专业机构，在社区住宅小区、学校等场所设置黑水虻餐厨垃圾消化器，孵化培育黑水虻幼虫处理餐厨垃圾。通过以上的生态化、在地化方式处理绿化垃圾和厨余垃圾，打造"社区厨余+绿化垃圾就地循环模式"。

5.1.1.6 推广使用节水器具，加强水资源循环利用

鼓励居民利用节水型水嘴、节水型马桶、节水型淋浴器、节水型洗衣机等一级节水器具进行节水；小区绿地、公共绿地采用滴灌或喷灌进行灌溉；在住宅小区内建设雨水回收系统，利用回收雨水对小区内绿化进行灌溉；推广万科中心节水模式，回收利用生产、生活中的中水和污水，通过人工湿地进行生物降解处理，用作绿化灌溉及路面清洗等其他用途，尽可能避免使用饮用水来作为景观用水。

5.1.1.7 建立社区碳排放管理体系，规范社区碳排放行为

首先，建立社区碳排放管理组织及管理规章制度。制定近零碳社区发展计划、实施方案和年度工作总结；制定社区碳排放目标、碳排放管理绩效、碳排放管理方案等，建立社区重点排放单位目标责任制；

在社区住宅小区开展模范低碳家庭评比等活动。其次，加强社区碳排放评估和监管。定期开展碳排放评估工作，量化社区碳排放量，建立社区碳排放信息管理台账。定期向社区居民和有关单位公示反映社区低碳发展水平的指标信息。鼓励推行碳排放报告、第三方盘查制度和目标预警机制，制定有针对性的碳排放管控措施。最后，加强对住宅小区的碳排放管理。在居民家中安装能源智能管控系统，将水、电、气等能源消费数据生成报表并上传，定期对数据分析后反馈给用户，并提出对应的节能建议。

5.1.1.8 加强低碳宣传，鼓励公众等其他机构参与

通过宣传讲座、培训、公益广告等多种形式开展低碳知识宣传教育。充分调动当地企业、住宅区物业、碳排放管理机构、咨询研究机构、社会组织等机构的积极性，参与近零碳社区创建、规划、管理服务等工作中。

5.1.1.9 融入零碳理念，打造零废弃旅游景点

充分发挥大梅沙社区丰富的旅游资源优势，依托大梅沙海滨公园、大梅沙滨海文旅艺术小镇、奥特莱斯小镇等旅游商业资源，融入零碳理念，将大梅沙打造成零废弃旅游景点。在旅游景点通过宣传栏、手册、景点活动等方式宣传零废弃生活理念，倡导游客自觉保护环境、保护海洋；在餐厅开展源头减量减少食物浪费行动，在酒店践行垃圾分类等对客宣传；提倡低碳旅游出行方式，鼓励游客使用自行车、旅游公交等低碳交通工具游览；与艺术院校合作，增设零废弃特色艺术景观及打卡点，设计零废弃参观导览线路。

5.1.2　小梅沙近零碳排放社区模式

小梅沙社区位于深圳市东部黄金海岸线，素有"东方夏威夷"之美誉。小梅沙社区于2006年获评"绿色社区"和"环境综合整治标兵村"，2011年获评广东省宜居社区，2021年获得"百优社区"和"美丽自然社区"的荣誉。为提升居民居住品质、解决原有社区设施与城市发展不协调等问题，盐田区和梅沙街道办紧紧把握粤港澳大湾区融合发展，全力建设中国特色社会主义先行示范区，加速建设全球海洋中心城市的契机，开展小梅沙片区整体改造项目。

小梅沙片区整体改造项目依托天然山海资源禀赋，由北部马峦山谷、经内湖直达沙滩的80m宽视线通廊，将区域整体划分为四个片区，形成中央山海主轴＋奇幻海洋世界＋滨海风情小镇＋活力叠翠山林＋欢乐梅沙海湾的格局，建设"景区＋街区＋社区"三区合一的业态布局。片区整体改造将居民居住生活、旅游文化产业、自然生态体验等相融合，打造"宜居、宜业、宜游"的一站式滨海生活目的地。

研究以减少碳排放、增加碳汇为主要路径，初步提出九大实施路径（图5-2），从能源、建筑、交通、碳汇、废弃物、碳排放管理体系、公众参与等层面共同推动近零碳排放社区试点建设。

5.1.2.1　发展可再生能源，打造"互联网＋"智慧能源示范基地

在小梅沙社区积极推广使用太阳能可再生能源，提高可再生能源消费比重。在民用建筑使用太阳能光伏发电装置，优先供电给自有建筑使用。建设以智能电网为核心，集中冷（热）源站为基础的智慧能源

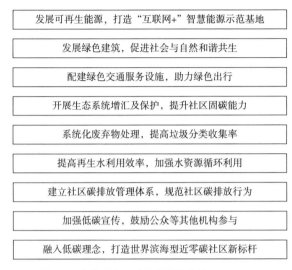

图5-2　小梅沙社区近零碳排放路径

示范基地。因地制宜实施最先进的绿色、清洁、节能低碳技术，满足小梅沙区域中民用建筑冷、热、电等各项能源需求。

5.1.2.2　发展绿色建筑，促进社会与自然和谐共生

针对新建建筑，通过使用低碳技术材料和绿色技术手段，控制建筑物全生命周期的碳排放量。对建筑物的用能和用水进行能效升级，使用清洁能源、高效能源设备等，以及对建筑楼宇进行智能化管控，提高建筑能源使用效率，加强建筑运营阶段的碳排放管理。

5.1.2.3　配建绿色交通服务设施，助力绿色出行

加强陆海公共交通的衔接，沿盐梅路设公交站点，并连接集散中心、地铁站、小梅沙综合码头等重要节点；片区内设两条地下人行通道连通地铁站与小梅沙海滨公园；常规公交与特色公交沿盐梅路设公

交站点，公交可以直接抵达盐梅路，集散中心可换乘巴士或者慢行入城，多种方式慢行通达山海。

5.1.2.4 开展生态系统增汇及保护，提升社区固碳能力

建设叠翠湖郊野公园，依托半山公园休闲带，多节点串联公园及周边自然资源，打造集运动、休闲文化为一体的郊野公园。建设小梅沙海滨公园，加强生态保护与复育，形成依托海岸带、多节点、全域活力的空间结构。打造由沙滩、海滨公园步行系统、滨海栈道等构建公共慢行交通网络，加强滨海栈道与沙滩、新增海上节点、登山游览路径等的慢行连接。通过沙滩复育、生态养滩，构建柔性沙滩的保护边界，打造韧性海湾。

5.1.2.5 系统化废弃物处理，提高垃圾分类收集率

结合梅沙街道黑水虻厨余垃圾处理模式，推广黑水虻厨余垃圾处理模式和堆肥处理模式，就地生态化处理垃圾。引入专业机构，在社区住宅小区、公共建筑等场所设置黑水虻餐厨垃圾消化器，孵化培育黑水虻幼虫处理餐厨垃圾，打造"社区垃圾就地循环模式"。

5.1.2.6 提高再生水利用效率，加强水资源循环利用

开展"海绵城市"专项设计与建设，规划设计地块内的建筑雨水控制，优先利用低洼地形、下凹式绿地、雨水花园等生物滞留设施减少外排雨水量，使用景观水景、雨水收集池作为调蓄空间，既有利于削减洪峰流量，同时兼顾雨水回收的经济效益。

5.1.2.7　建立社区碳排放管理体系，规范社区碳排放行为

建立社区碳排放管理组织及管理规章制度。设置专人或专职岗位负责社区碳排放管理工作事宜；建立社区重点排放单位目标责任制；设置近零碳社区宣传平台，通过宣传栏、社区居民联系群、住宅区物业管理平台、公众号等渠道开展宣传。加强社区碳排放评估和监管，定期开展碳排放评估工作。建立社区碳排放信息管理台账，定期向社区居民和有关单位公示反映社区低碳发展水平的指标信息。吸引优秀的碳排放管理人才投入社区工作，对社区工作人员开展技能培训，从碳排放相关的法律法规、政策、标准、碳排放核算、碳减排技术等方面制订培训计划，提高社区工作人员碳减排管理能力。

5.1.2.8　加强低碳宣传，鼓励公众等其他机构参与

结合近零碳社区试点的需要，积极宣传近零碳社区创建的意义，通过宣传讲座、培训、公益广告等多种形式开展低碳知识宣传教育。鼓励社区公众积极参与，利用各社会机构的专业优势，整合零碳建设多种资源，参与近零碳社区创建、规划、管理服务等工作。

5.1.2.9　融入低碳理念，打造世界滨海型近零碳社区新标杆

充分发挥小梅沙社区丰富的旅游资源优势，依托小梅沙中央山海廊道、海湾岸线景观、叠翠湖郊野公园、小梅沙海滨公园、小梅沙海洋公园等独特资源，融入低碳理念，将小梅沙打造成宜居宜游、文体娱乐休闲、低碳环保、生态保育的世界滨海型近零碳社区新标杆。

5.2　城市垃圾处理和资源化利用

深圳市盐田区位于深圳市东部，辖区面积72.63km^2，下辖沙头角镇政府及盐田和梅沙街道办事处。盐田区屏山傍海，自然环境得天独厚，海岸蜿蜒曲折，海岸线长19.5km，沙滩、岛屿错落、海积海蚀崖礁散布其间，是深圳乃至广东的"黄金海岸"。盐田区作为旅游区，辖区日均产生垃圾约260t，其中餐厨垃圾（含厨余垃圾）约88t，年均增幅达8%。通过采取"分区处理"的方式，即依托现有的城区生活垃圾转运站、环卫工具房等环卫基础设施，划片分区建设餐厨垃圾前段处理站。以餐厨垃圾和厨余垃圾一体化处理为重点，采取高温生物降解餐厨垃圾，减量后的残渣经过工厂精加工后用于制作有机肥及生物质燃烧棒。餐饮行业的废水经油水分离机就地萃取制成粗油，并进一步提炼出符合国家质量标准的生物柴油，有效实现了垃圾处理的"减量化、资源化、无害化"。

自2012年7月试运行至今，盐田区共收运处理餐厨垃圾（含厨余垃圾）固形物13 351t（其中餐厨垃圾固形物8 148t、油污水5 403t），生产生物燃料棒1 509t，提取废弃油脂500t，减少焚烧处理厨余垃圾3 217t，在垃圾产生量年均7.7%递增的基础上，历史上首次实现垃圾焚烧"零增量"。通过摸索实践，盐田区餐厨垃圾（含厨余垃圾）无害化处理和资源化利用工作依靠"四个依托"真正实现了"三个转变"。

5.2.1 "四个依托"

一是依托物管单位"精细化分类"。发挥物业公司每天都与居民面对面的优势，逐户发放专用厨余垃圾桶，持续宣传减量分类知识；居民小区设置垃圾分类服务站，交由物管单位指定专人负责，定时定点收集登记，引导居民正确分类投放；公共餐饮及单位食堂由特许经营公司培训专人持证上岗，上门指导垃圾精细分类，确保后续有效收运处理。

二是依托科技创新"无害化降解"。遴选采用"863计划"重点扶持的瑞赛尔公司"油水分离与高温生物降解"技术，将厨房油污水经过油水分离机萃取制成脱水油脂再提炼生产生物柴油，分离水经无害处理后排入市政污水管网；餐厨固形物用特殊菌种高温降解剩余15%的降解料，再进一步生产高效有机肥或生物燃料棒。

三是依托现有设施"分区处理"。针对盐田区土地资源紧缺无合适盐田区餐厨垃圾无害化处理和资源化利用集中处理点的实际，依托生活垃圾中转站升级改造及原有环卫基地的空余基础设施，按片区分散建设餐厨垃圾前端处理站，再由密闭环保车收运至末端厂房集中处理，既不新增利用土地，又有效减少了运输成本、收运环节滴漏及异味对环境的影响。

四是依托专业公司"市场化运营"。选取深圳瑞赛尔环保股份有限公司作为盐田区特许经营企业，采用BOT方式，负责全区所有餐厨和厨余垃圾的收运处理，按照"政府主导、公众参与、企业运作、科技支撑"的思路有序推进，提高了工作效率，在垃圾产生量年均7.7%递增的基础上，历史上首次实现垃圾焚烧"零增量"。

5.2.2　"三个转变"

一是变"混合收运"为"前端分类"。城市生活垃圾减量分类处理的根本问题是要解决生活垃圾源头混合投放问题。盐田在梧桐苑、东埔海景花园、元墩头村等居民小区设置"垃圾减量分类服务中心"，以物业管理公司为主体不断推动垃圾减量分类工作，并通过积分兑换礼品等形式吸引广大居民朋友积极参与；同时，以盐田海鲜街、工业东街等区域餐饮门店为重点，通过激励与约束举措并举，实施了餐厨垃圾就地固液分离减量，使前端分类与前端处理紧密衔接，实现了垃圾减量分类的源头化处理。

二是变"简单处置"为"精细利用"。在开展垃圾减量工作之前，区内多数餐厅及单位饭堂将餐厨垃圾直接卖给了养猪户，居民小区的厨余垃圾与其他垃圾混合，经垃圾转运站转运至焚烧厂进行焚烧处理。为了让垃圾减量分类工作不流于形式，盐田以资源的精细化利用为目标，科学设计处理环节，全面强化流程监控，推动餐厨与厨余垃圾一体化的资源回收利用。

三是变"集中处理"为"分区处理"。在城区没有合适集中处理地点的情况下，采取"分区处理"的方式，即依托现有的城市生活垃圾转运站、环卫工具房等中小型环卫基础设施，建设了餐厨垃圾前端处理站，并配置油水分离机、高温生物降解机等设备，以此为节点就近无害化处理周边大型酒楼、食街、工业区饭堂的餐厨垃圾及附近小区厨余垃圾。数据表明，餐厨垃圾中的固体经高温处理可降解85%，液体可完全脱水化，可以有效避免餐厨垃圾转运处理的二次污染问题。

5.3 城市更新与综合整治

实施城市更新行动是党的十九届五中全会作出的重要决策部署，是《中华人民共和国国民经济和社会发展第十四个五年规划和2035年远景目标纲要》明确的重大工程项目。实施城市更新要遵循内涵集约、绿色低碳的原则，坚持"留改拆"并举、以保留利用提升为主，加强修缮改造，补齐城市短板，注重提升功能，增强城市活力。通过旧住宅区、旧屋村、旧工业区综合整治、改变功能和推倒重建三种模式来实施城市更新行动，改善社区空间和环境。

5.3.1 深圳市西丽366街区——城中村综合整治

西丽366街区位于深圳市南山区北部片区，原街区大排档、低端商铺业态杂乱，乱摆卖、脏乱差、停车位严重不足、交通堵塞不堪、绿化带参差不齐，配套设施年久失修、严重破损，外来人口多，出租屋密集，管理难度大，存在一定的治安、消防隐患。

在相关政策的支持下，西丽366街区改造以综合整治为主，通过道路沿线房屋装新立面，改变道路两边房屋新旧差距，统一风格；通过实施"三线"地埋，打通消防通道、排污管道等管网改造工程，实现雨污分流；通过拆除100多间危旧房，腾挪空间7 200m²建文化休闲广场，扩大居民活动空间；通过设置车辆隔离带（柱），社区车辆乱停放、交通堵塞现状得到有效改善；通过引进中高端商业，促进业态引导和产业置换。图5-3和图5-4分别是新围文化广场改造前后。

图5-3　新围文化广场改造前

图5-4　新围文化广场改造后

5.3.2　深圳市福田水围新村——水围柠盟人才公寓建设

城中村为低收入人群和创业者提供了较低的城市门槛，为深圳城市化发展发挥了至关重要的作用，但其中的安全卫生和社会问题，也成为难以根治的顽疾。水围村是深圳市城中村改造的先行者，于1992年成立水围居委会并组建深圳市水围实业股份有限公司，开始农村城市化建设。水围村总占地面积 7 000 多平方米，现状居住人口超过 8 000 人，但本地村民不足十分之一。10 多年来经过科学规划，股份公司累计投入资金3亿多元对旧村进行改造和环境建设。而改造项目的水围柠盟人才公寓位于深圳市福田区水围新村内。

案例选择临近深圳市云顶学校的29栋居民楼进行整体设计改造，在没有任何先例和规范指引的情况下，历经三年探索与协调修改，于

2017年落成。改造后的水围新村提供了504套优质青年人才公寓，入住率达90%以上，并以此为触媒，以期打造具有水围特色的人才社区，推动城中村人口结构和产业结构的转型升级。水围柠盟人才公寓采用政府、专业企业、股份公司三方合作模式，按照人才住房标准改造后出租给区政府，区政府再以人才住房租金配租给辖区产业人才。同时，公寓设计单位重点对室内布局进行功能完善，改造后套内布局紧凑，面积适当，功能齐全，分区明确，色彩设计符合年轻人需求。通过改造，增加了保障性住房供给，完善了城中村设施配套，提升了城中村环境风貌。图5-5为水围柠盟人才公寓改造后样貌。

图5-5 水围柠盟人才公寓改造后

5.3.3 深圳南山桂庙新村——旧改新

桂庙新村又叫"红花园村"，始建于清代，是南山区较早的村落之一。它位于南山区学府路和白石路交界处，毗邻深圳大学西门，对面就是腾讯大厦、怡化大厦，周边聚集了软件产业基地等众多写字楼，在寸土寸金的南山区，地理位置十分优越。因此，桂庙新村与其他城中村不同，不仅没有"脏乱差"，街道干净整洁，而且有的角落还画了一些手绘涂鸦，多了一些青春气息。与此同时，桂庙新村也成为许多年轻人创新创业、生活休闲的聚集地。

2015年8月，《2015年深圳市城市更新单元计划第三批计划(草案)》公布，桂庙新村成为当年南山区唯一纳入该批更新序列的旧村。2021年3月，南山区城市更新和土地整备局正式公布了桂庙新村城市更新单元的规划，也标志着桂庙新村的旧改自此正式拉开了序幕。规划显示，更新单元规划的容积为369 100m²，其中住宅249 950m²（含人才住房和保障性住房32 500m²），商业、办公及旅馆业建筑106 530m²（含商业文化设施不低于5 330m²），公共配套设施（含地下）12 620m²，另配建社区体育活动场地，占地面积1 500m²。城市更新完成后，桂庙新村将升级为一个集住宅、商业、办公及旅馆业于一体的大型综合项目，附近还将规划一所幼儿园和公交首末站。对于桂庙新村更新的影响，从社会效益上来说，它意味着可以进一步优化城市功能、重塑城市空间布局，同时还可以提升城市形象品质、改善城市生态环境、加强基础设施与公共服务配套设施。图5-6为桂庙新村旧改前后。

图5-6 桂庙新村旧改前后

5.3.4 深圳市南华新苑——福田区南华村棚改

南华村建成于1985年，是深圳最早一批建设的政府大型住宅小区之一，比鹿丹村还早几年，总规模大约有70余栋。据了解，南华村是目前深圳市规模最大的棚改项目，也是福田区重大工程。福田区南园街道南华村棚户区改造项目位于滨河大道与华强南路交叉口东南侧，项目邻近地铁7号线赤尾站，周围还有滨河大道以及华强南路等主干道，出行十分便捷。

在2018年8月，福田区政府便启动了南华村的改造项目，2019年4月，项目被纳入全市棚户区改造年度计划。"南华村棚改"补偿标准及方式为货币补偿、产权调换，产权调换商品住宅按建筑面积1∶1.2调换完全产权住宅，或者套内建筑面积1∶1调换完全产权住宅；非商品住宅按建筑面积1∶1.2调换，产权与原房屋相同，或套内建筑面积1∶1调换，产权与原房屋相同。南华村棚改项目改造范围用地面积17万m²，拆除用地面积16万m²，开发建设用地面积11万m²，规划容积为76万m²，容积率6.8。其中，住宅550 780m²（除迁用房外其余均为人才住房与保障性住房），其他为商业及办公、人才公寓、1所9班幼儿园、1所九年一贯制学校，另配建社区体育活动场地等。南华村作为深港科技创新合作区的高端配套，改造后将是服务中央活力地区、深港创新合作区的"绿色创新人才社区"。图5-7和图5-8为南华村棚改前和棚改后预览图。

图5-7 南华村棚改前

图5-8　南华村棚改后预览

5.3.5　广州市永庆坊——历史文化街区危房改造

永庆坊位于广州保存最完整和最长的骑楼街恩宁路的中段，是恩宁路"微改造"的首个试点项目。项目一期占地面积约8 000m²，建筑物约7 000m²，区内有李小龙祖居、神秘政客故居等文物保护单位，但因建成时间久远又缺乏修缮，区域内建筑物多为危旧房屋。项目通过公开招商选定改造主体为万科地产，改造后成为集众创办公、教育营地、长租公寓、生活配套等产业的"创客小镇"，成为众多游客领略岭南文化、西关风味的打卡圣地。

2007年，广州市政府将恩宁路地块作为危房改造的试点项目，并开始陆续收回永庆片区内的危旧房屋。2015年12月，经房屋安全鉴定后发现该区域内基本完好的建筑仅剩7栋，有30栋为严重损坏房。2016年，荔湾区委区政府在邀请多方机构学者对恩宁片区进行深入调研后，提出"政府主导，企业承办，居民参与"的微改造模式。2016年国庆节前夕，永庆坊以"修旧如旧"的姿态对外亮相。"微改造"后的老楼还保留着原有的砖墙、木门和窗格，除了粤剧艺术博物馆、八和会馆等广州著名景点，还增加了李小龙故居、民国大宅等。永庆坊在经过后续多年的调研、多方沟通之后，形成以历史文化保护优先为原则的微改造模式，最终实现政府、开发企业、业主方三方共赢的结果。由于微改造模式并未改变现有土地性质、权属单位和物业经济功能，因此其改造过程中更强调多方主体参与，创新改造方式，提高旧城改造的综合效益。在永庆坊的改造过程中便充分体现各方在项目改造过程中的诉求以及最终达成利益平衡的过程。图5-9为永庆坊改造后面貌。

图5-9　永庆坊改造后

5.3.6　深圳华富村——棚改更新

老华富村建设年代久远、内部配套落后，区块位置孤立、交通路网拥堵，就连买日用品都不方便。建成于1987年的华富村是深圳较早的小区，居住着深圳第一批"拓荒牛"，而老华富村也历经30多年风雨逐渐老化，存在着巨大的安全隐患，难以融入深圳不断创新的城市环境，更难以继续满足人们对美好生活的向往。

在缺乏系统棚改政策指导、没有可供参考借鉴案例的情况下，福田区委区政府"摸着石头过河"，创造性探索出"区政府主导＋福田投控实施＋华润置地代建＋中建五局施工"的政企联合新模式棚改。华富村自2018年7月东区开始拆除，2020年9月回迁区取得施工许可证，2021年

1月首个标准层开始浇筑，到2022年7月12栋主体建筑全部封顶。作为深圳首例老旧住宅区棚改项目，华富村被誉为深圳"棚改第一村"，而其改造目标是要打造成为"深圳中心未来家园城市新标杆"。基于"山海融城"概念，华富村改造项目建成后，将提供18万平方米以上的优质创业空间，新增近2.4万 m² 的公共配套设施，改造后的华富村总建筑面积将达到62.47万 m²，还将建成高达358.1m高的深圳市中心"新地标"——湾区智慧广场。改造后的华富村，与中心公园无缝链接，能远眺莲花山和深圳湾开阔天际线，俯瞰绿意葱茏的公园景致，也能近距离感受到深圳市中心的繁华与活力。图5-10和图5-11为华富村棚改前后对比图。

图 5-10　华富村棚改前

图 5-11　华富村棚改后

5.3.7　东莞坝头社区下坝坊特色街——旧住宅区综合整治

东莞市万江街道坝头社区，位于万江、南城与莞城的交界处。占地

0.7km^2，拥有230幢古建筑，最老的古宅有500多年的历史。这里汇聚了坝头社区的文化精粹，较好地保存了詹氏宗祠等明清时期的古建筑及岭南水乡村落格局，是珠三角地区岭南水乡文化保存较为完整的村落之一，被誉为东莞市的"岭南水乡文化泛博物馆"。

下坝坊作为东莞市"三旧"改造结合产业升级项目，摒弃传统三旧改造"拆旧建新"的思路，采用"护旧立新"的模式，整合利用下坝坊230幢具有岭南水乡特色的建筑群，积极培育和引进优质文化创意产业集聚万江下坝坊发展。引入基地的文化、创意、休闲企业有30多家，涉及工业设计、建筑设计、时尚艺术设计制作、表演艺术、画廊、古玩、影视、行业协会组织等。此外，社区以文天祥文化串联旧村改造的发展思路，将文天祥文化、农耕文化以及涌头留传下来的历史遗迹自然融入旧村，将下坝坊打造成为涌头最宜居的片区，同时还将选取旧村部分屋舍，结合屋主意愿，将其改造成"清吧""小旅舍""小酒馆"等场所，带动物业价值有效提升。

打造人文水土特色兼具的文化创意产业基地，将使万江区和东莞市的文化创意产业发展跨上一个新台阶，实现其产学研创、孵化培育、展示交易、培训交流、传播体验、休闲旅游的六大核心功能。同时，该项目突出了保存完整的岭南旧村落格局和绿化美化两大关键点，原有历史建筑得以加固和装饰，闲置地得以综合治理，有效减少了生活、建筑垃圾等对生态环境造成的污染。对于保育地方历史文化资产、构建现代文化产业体系、优化地方文化产业布局、开发文化精品旅游产品、促进产业转型升级、提升区域生态环境等有着重大的社会效益。图5-12为改造后的下坝坊。

图5-12 改造后的下坝坊

5.3.8 深圳观澜版画基地——旧屋村有机更新

观澜版画基地位于观澜大水田村,是拥有近300年历史的古村落,有古民居90余栋,建筑多为木制结构,粉墙灰瓦,由于年久失修,一度沦为废墟。村中搭建有多处临时建筑,包括房舍、猪圈,污水横流、臭气熏天,居住条件和环境卫生极差,历史文化凋敝。

观澜版画基地于2006年初开始规划改造,项目建设坚持"修旧如旧"的原则,通过客家古村落的综合改造和有机更新,完好地保留了客家古村田园风光和岭南客家建筑群。一是实施水环境生态修复工程,结合人口用水量、大水田中心区产业与人口给排水特点、降雨规律及上游地表径流情况,采用污水处理、人工湿地和中水回用等综合措施,确保旱流污水能得到有效处理。经过处理后的污水,一部分潜流入人工湿地和三个景观清水池,用于水环境与农业生态用水,另一部分转化成生活杂用水。而经过沉淀池分离的污泥,则成了林地、苗圃的底泥和基肥,为植物的繁殖生长提供了充足的营养。二是修缮利用古民居、祠堂,将昔日的旧厂房更新改造成现代化的版画工坊,并采用征租结合的方式进行征收改造。自基地创建以来,已经成为中外艺术家创作、交流和联谊的平台,荣获国家级"文化(美术)产业示范基地""中国人居环境范例奖""中国最佳创意产业园区""深圳市文化+旅游型示范基地""广东省版权兴业示范基地""园林式花园式单位（小区）""广东省宜居环境范例奖""最具文化价值特色小镇"等众多荣誉。图5-13和图5-14分别为观澜版画基地改造前后对比。

图5-13　观澜版画基地改造前

图5-14　观澜版画基地改造后

5.3.9　深圳设计之都——田面旧工业区升级改造

深圳是全国有名的"设计之都"，作为改革开放的前沿阵地，拥有得天独厚的文化创意资源。在深圳的文化创意产业飞速发展的同时，城市产业的转型催生了一股"旧改潮"，田面设计之都便是被这股"热潮"早期眷顾的幸运儿。2006年，田面"设计之都"将原5万 m^2 的旧工业区设立为文化创意产业园，由此老旧厂房实现"腾笼换鸟"，成为以工业设计为主，集创意设计、研发、制作、交易、展览、交流、培训、孵化、评估及公共服务等综合功能于一体的创意设计文化产业园区。

设计之都创意产业园是典型的旧工业区改造项目，其属于"整体保留"模式，即在维持原建筑布局、形态等不变的情况下，仅对建筑室内进行了翻修改造，对建筑外立面进行小范围装饰。改造前后的工业区面貌形成强烈对比，成功实现了从"三不变"（物业产权不变、用地性质不变、建筑结构不变）到"五个变"（低端产业变成高端产业、旧厂房变成创意产业园、蓝领变成白领、低效益变成高效益、旧貌变新颜）。图5-15和图5-16为设计之都创意产业园改造前后对比。

图5-15 设计之都创意产业园改造前

图5-16 设计之都创意产业园改造后

参考文献

［1］潘家华. 生态文明建设的理论构建与实践探索［M］. 北京：中国社会科学出版社，2019.

［2］黄承梁，余谋昌. 生态文明：人类社会全面转型［M］. 北京：中共中央党校出版社，2010.

［3］张乃明. 生态文明示范区建社的理论与实践［M］. 北京：化学工业出版社，2021.

［4］郭秀清. 以绿色发展理念开启生态文明建社新征程［J］. 中共银川市委党校学报，2016（4）：73-76.

［5］谷树忠，胡咏君，周洪. 生态文明建社的科学内涵与基本路径［J］. 资源科学，2013，35（1）：2-13.

［6］贾学军. 从生态伦理观到生态学马克思主义——论西方生态哲学研究范式的转变［J］. 理论与现代化，2015（5）：66-71.

［7］祝光耀，朱广庆. 基于分区管理的生态文明建社指标体系与绩效评估［M］. 北京：中国环境出版集团有限公司，2016.

［8］张修玉，挣子琪，陈星宇，等. 科学系统推进"山水林田湖草沙"生态保护与修复［J］. 绿叶，2023（8-9）：25-29.

［9］张修玉，陈丽. 生态治国，文明理政，牢固树立社会主义生态文明观［J］. 生态文明新时代，2018（5）：76-81.

［10］冯奎，闫学东. 基绿色城市［M］. 北京：中国环境出版集团有限公司，2018.

［11］张修玉，杨子仪，范中亚. 台湾环保经验对生态文明建设的启示［M］. 广州：羊城晚报出版社，2017.

［12］张修玉. 牢固树立建社生态文明的四个自信［N］. 中国环境报，2017-5-2.

［13］王亚力. 区域生态典型城市化的理论与应用［M］. 长沙：湖南师范大学出版社，2010.

［14］张修玉. 科学揭示"两山理论"内涵　全面推进生态文明建社［J］. 生态文明新时代，2018（1）：6.

［15］中国环境科学学会. 中国环境科学学会学术年会论文集2010［M］. 北京：中国环境出版社，2011.

［16］陈渊博，冯娴慧. 城市居民对社区宜居性的满意度评价研究——以广东省宜居社区评价为例［J］. 特区经济，2018（2）：6.

［17］徐慧，刘希，刘嗣明. 推动绿色发展，促进人与自然和谐共生——习近平生态文明思想的形成发展及在党的二十大的创新［J］. 宁夏社会科学，2022（6）：5-19.

［18］杜玲. 绿色发展理念与深圳盐田的实践［M］. 北京：中国社会科学出版社，2017.

［19］曾珍香. 基于复杂系统的区域协调发展——以京津冀为例［M］. 北京：科学出版社，2010.

［20］李丽萍. 宜居城市建设研究［M］. 北京：经济日报出版社，2007.

［21］顾文选，罗亚蒙. 宜居城市科学评价标准［J］. 北京规划建设，2007（1）：7-10.

［22］张文忠. "宜居北京"评价的实证［J］. 北京规划建设，2007（1）：25-30.

［23］李虹颖，张安明. 宜居城市的主成分分析与评价——以重庆市主城九区为例［J］. 中国农学通报，2010（24）：4.

［24］张月蕾，朱家明. 基于TOPSIS对宜居城市的模糊综合评价［J］. 哈尔滨商业大学学报：自然科学版，2018，34（4）：5.

［25］Hahlweg D. The City as a Family［C］. // Lennard s H,S von ngern-Stemberg,H l Lennard, eds. Making Cities Livable. Intemational Making Cities Livable

Conferences.Califomia,USA: Gondolier Press, 1997.

［26］Evans P,ed. Livable Cities & Urban Struggles for Livelihood and Sustainability ［M］. Califomnia,USA: Universily of California Press Ltd, 2002.

［27］Paynter, Ian , et al. "Quality Assessment of Terrestrial Laser Scanner Ecosystem Observations Using Pulse Trajectories" ［J］. IEEE Transactions on Geoscience and Remote Sensing, 2018(99):1–10.

［28］Marans R W, Stimson R J .Investigating Quality of Urban Life: Theory, Methods, and Empirical Research ［J］. Investigating quality of urban life: theory, methods, and empirical research, 2011.

［29］Mohamad Kashef. Residential developments in small–town America: assessment and regulations ［J］. City, Territory and Architecture, 2017, 4:1.

［30］Vuchic V R .Urban public transportation : systems and technology / Vukan R. Vuchic ［J］. στο ts kim (επιμ.), 1981.